国際原子力ロビーの犯罪

チェルノブイリから福島へ

コリン・コバヤシ

以文社

Mes remerciements vont à Michel Fernex, Wladimir Tchertkoff qui m'ont fourni beaucoup de renseignements très précieux, à Yves Lenoir qui m'a donné sans cesse des informations indispensables.

国際原子力ロビーの犯罪

目次

第二章　エートス・プロジェクトの実相から

第三章　内部被曝問題をめぐるいくつかの証言から

装画
カバー・表紙＝コリン・コバヤシ〈境界を越える物質　2〉一九九三年、キャンバス
扉＝コリン・コバヤシ〈境界を越える物質　3〉一九九三年、キャンバス

主要「国際原子力ロビー」略称一覧（ABC順）

ABCC　原爆傷害調査委員会　Atomic Bomb Casualty Commission.　一九七五年に（財）放射線影響研究所（RERF）に改組。

CEA　仏原子力庁　Commissariat de l'énergie atomique.

CEPN　フランス原子力防護評価研究所　le Centre d'étude sur l'Evaluation de la Protection dans le domaine Nucéaire.

CERN　欧州原子核研究機構　Organisation Européenne pour la Recherche Nucéaire.

CRPPH　放射線防護と公共衛生委員会　Committee on Radiation Protection and Public Health.

EDF　フランス電力公社　Electricité de France.

IAEA　国際原子力機関　International Atomic Energy Agency,

ICR　国際放射線会議　International Congress of Radiology.

ICRP　国際放射線防護委員会　International Commission on Radiological Protection.

ICRU　国際放射線単位測定委員会　International Commission on. Radiation Units and Measurements.

IRPA　国際放射線防護協会　International Radiation Protection Association.

IRSN　放射線防護と原子力安全研究所　Institut de Radioprotection et de Sûreté Nucléaire

ISR　国際放射線学会　International Society og Radiology.

JRIA　日本アイソトープ協会　Japan Radioisotope Association.

NCRP　米国放射線防護審議会　National Council of Radiation Protection and Measurements.

NIRS　放射線医学総合研究所（放医研）　IAEA認定協働センター　National Institute of Radiological Sciences.

OECD／NEA　経済協力開発機構／原子力機関　OECD / Nuclear Energy Agency.

RERF　財団法人放射線影響研究所　Radiation Effects Research Foundation.

SFRP　フランス放射線防護協会　Société française de radioprotection.

UNSCEAR　放射線防護に関する国連科学委員会　United Nations Scientific Committee on the Effects of Atomic Radiation.

序にかえて

二〇一一年三月一一日の震災と津波、そして翌一二日の一五時三六分、福島第一原子力発電所一号機の最初の爆発以降、私は遠地パリの郊外から、微力ながらインターネットを介して福島を追い続けてきた。事故の真相を知るため、事故後の放射能汚染の実態を知るため、集めた情報を多くのフランスの市民団体と共有し、少しでも多くの日仏、いな世界の人びとに役立つ情報を送るために、ネット上でデータを受信したり発信したりする作業に打ち込んできた。

さまざまな情報が錯綜し、時には英語圏の情報のほうが的確で早かったこともある。時間が経つにつれ、事故の全容が少しずつ明らかになるかと思いきや、むしろ逆に、無数の情報が飛び交うなかで、事態は、五里霧中のような状況へ入り込んでいった。

なぜか。それは、政府や東京電力が事実を明確に示さないばかりか、表面上の「事態収拾」への「装い」ばかりを開始したからである。これまで多くの虚言を吐き続けてきた政府の責任者たち、また東京電力の誠実さのまるで感じられない態度がこうした状況を生み出してきた大きな要因のひとつであるし、その責任は未来永劫消えることはない。

しかし、問題の核心は、こうした情報の遮断が、単に東電や政府の秘密主義や怠慢、指導的立場にある政治家や役人の無知・無能にあるのではなく、日本政府や電力会社をも巻き込んだ「国際原子力ロビー」そのものの問題でもあるのだ。

チェルノブイリ原発事故で、世界の原子力産業の今後の帰趨を左右しかねない状況を経験した国際原子力ロビーは、次に起こり得る苛酷事故に備え、チェルノブイリ以降、自らの利益を護持するための準備を周到に重ねてきていた。国際原子力ロビーは、福島に限らず、いつでもどこにでも、苛酷事故が起こるや否や、現地に乗り込み、地歩を固める準備を重ねてきていたといっても過言ではない。

こうした一連の繋がりをまとめた形で情報にして流さねば、と私が思いはじめたのは、二〇一一年秋からだった。その数ヶ月前、二〇一一年五月に、フランスの反原発運動に関わっていた旧知のイヴ・ルノワールと再会し、彼が現在会長を務めるフランスのＮＰＯ〈チェルノブイリ／ベラルーシの子どもたち〉の活動を知ったことも大きな追い風になった。

その後、この会の創設会員でもある元ジャーナリストで映画監督のウラディミール・チェルトコフに出会い、彼の著作『チェルノブイリの犯罪』[*1]を紹介され、また彼のチェルノブイリに関するドキュメンタリー『真実はどこに？』[*2]にも出会うことになる。この作品は、まさに私の関心事だった一連の国際原子力ロビーの動きを如実に見せる衝撃的なドキュメンタリーだった。二〇〇一年にキエフで開かれた非常に重要なチェルノブイリ事故の影響に関する国際会議を取材したのは、海外のマスコミのなかでは、唯一チェルトコフらスイス・イタリアTVの取材班だけだった。しかも彼らは、地元のテレビ局が開会式典だけおざなりの撮影をして帰るのとは違い、現場に立ち続け、可能な限りフィルムを回して会議の全編を記録したのだ。それゆえ、彼ら、国際原子力ロビーの中心人物たちの歴史的な虚言が論じられる重要な場面を映像に納めることに成功したのである。

この映画が日本に紹介されることの重要さを感じた知人、友人らのグループ[*3]と日本語字幕を急遽、翻訳、制作した。映画では、とりわけこの国際会議における国際原子力ロビーによる「疑似科学」的言説のおぞましさが一目瞭然である。また、ロシア放射線防護の責任者に、現場の女医たちが激しく食い下がっているところも、真実に差し迫ろうとする強い意思が感ぜられ、見所と

＊1 Wladimir Tchertkoff, *Le crime de Tchernobyl: le goulag nucleaire*, Actes Sud, 2006.（二〇一四年、緑風出版から、日本語訳が出版予定）。

＊2 原題『核論争（*Contreverses nucléaires*）』。

＊3 二〇一一年一一月、日本語字幕制作をパリの知人、藤原かすみさんから話が持ちかけられ、その後、私と私の属する〈エコー・エシャンジュ〉の辻俊子、〈りんご野・パリ〉の藤本智子、藤原かすみの四人で字幕翻訳、その後、〈りんご野・東京〉の岩城とも子（字幕＋ナレーションのビデオ編集）、藤本智子のコーディネーションで、ナレーションに東陽子が参加し、完成した。日本語タイトルは、藤原かすみの提案による。現在、DVDの日本での販売は、「内部被曝問題研究会医療部」に委託、また〈りんご野〉も別カバーで販売をおこなっている。内部被曝問題研究会医療部の販売売り上げは、制作者チェルトコフの希望と了解のもとで、純益は、ベルラド研究所支援のために活動をおこなっているフェルネックス夫妻が創設したNPO〈チェルノブイリ／ベラルーシの子どもたち〉と、医療部の中に設立された〈福島こども基金〉に五〇パーセントずつ、寄付されている。

なっている。監督自身がこの映画取材と並行して書き溜めた記録を集大成した著作『チェルノブイリの犯罪』をひもとけば、一九九〇年代から二〇〇〇年代にＩＡＥＡ（国際原子力機関）がベラルーシで展開したプロジェクト、〈エートス〉や〈コール〉、〈サージュ〉といった様々な計画について、多くの情報を得られるし、ここで行われたプロジェクトがいかに国際犯罪に値するかが分かるのである（これらについては本書第二章で詳しく論ずる）。

私は一九七〇年にフランスに渡航して以来、現代日本人のアイデンティティを論ずるとき、避けて通れない問題として広島・長崎をたびたび友人たちと議論してきた。とりわけ、その問題にこだわり続けている広島の友人のおかげだったかもしれない。その後、ドイツへのパーシング戦略ミサイルの設置に反対する平和運動の動きや一九七〇年代後半のスーパーフェニックス反対運動のデモなどに非常に刺激されたが、いわゆる〝原発問題〟に本格的に身を投じ、存在論的な問題として科学技術のあり方や人間自らがカタストロフを導き出す原子力技術に根源的な疑問を持ったのは、やはりチェルノブイリがきっかけであった。放射能雲はヨーロッパじゅうを襲った。好きだったキノコを食べるのをその時から断念した。以降、一九九〇年代は、日本からの原発視察の調整や反対運動をしている日仏の運動体の交流を促進しながら、フランスの反原発運動に関わってきた。二〇〇〇年代の前半は、中東問題や反戦運動にもかかわった関係で、原発問題から少し遠のいていたが、原発・核問題は私のライフワーク的な課題であり続けている。

本書でも扱う低線量被曝の人体への影響については、現在、専門家の間でさまざまな議論が交わされている。国際原子力ロビーの専門家と独立系の科学者たちには大きな隔たりがあり、科学的な議論さえ、両者のあいだで充分されてきたとは言いがたい。長年、原発の問題に関わってきたとはいえ、当然、門外漢の私がそれをここで実証しようとするものではないことは、明言しておかなければならない。そうではなく、このような状況の中で、素人が、まったく違った視点から、専門家と言われる人たちが築いてきた科学的制度や体制の、根本的な欠陥を指摘しようとする試みでなのである。

しかし、専門家たちでさえ、各人がそれぞれ告白するように、低線量被曝の人体への影響については、国際的な合意に至ってはいない。多くの論考が提出されているが、原子力ロビー側の科学者たちは、まだ「科学的」解明ができていないと言い張っている。それは科学的問題である前にあまりにも政治問題化してしまうために、真の科学的解明を妨げてきたのである。こうした混沌とした状況のなか、素人目の私からみても、直感的にまず耳を傾けるべきだと悟ったのは、チェルノブイリ事故の被害を受けたベラルーシやウクライナの民衆、そして医療関係者の肉声、およびその独自の被曝調査の生データの蓄積であった。生態生物学のアレクセイ・ヤブロコフ、遺伝子学のローザ・ゴンチャロヴァ、解剖臨床学のユーリ・バンダジェフスキーらの優れた研究は、こうした原子力を擁護する国際ロビーからは、まったく排除されている。

ＩＡＥＡをはじめとする国際原子力ロビーが拒否し、無視しているのはまさにこれである。しかし、現地で、長年、被曝とともに暮らしてきた民衆、そして彼らの身体の異変を観察してきた医療関係者が、なぜ国際的な無視に晒されながらも、その危険性を世界に訴え続けているのか。これを「科学」という言葉を振りかざし、「利潤（エコノミー）」という優先事項を設定したうえで看過できるものだと考えることに疑問を持たないでいることの方が難しい。

二〇一二年、ウクライナを訪れた日本の衆議院議員の視察団は、現地の博物館で『チェルノブイリの長い影』と題された、二〇〇六年に当地の医療関係者がまとめた報告書を手渡されているが[*4]、その報告書には、次のような、重く受け止めるべき言葉がある。

［ＩＡＥＡをはじめとする国際原子力ロビーが主導した］二〇〇五年のチェルノブイリ・フォーラムの結論には信用性が欠如している。特に、最も大きな影響を受けた三つの国（ウクライナ、ベラルーシ、ロシア）の居住者および科学者からの信用を得ていない。よって国連および他の国際機関は、（……）現実的かつ十分に根拠のある分析を推進するための独立した専門機関を設立すべきである。

もちろん、こうした現地の医療関係者からの警告に対しても、国際原子力ロビーやその一員である日本政府は「科学的に証明できない」として、いまだそれに正面から向き合おうとしていない。彼らにとっては、真実よりは、常に経済的利潤と直結する政治的判断が、何よりも正しいからである。

＊

私たちは未曾有の汚染によって、放射能という五感で感受できない敵と長期間にわたって対峙していかざるを得なくなった。無色、無臭、低線量であれば刺激、痛みもなく、可視化できない物質から身を守らねばならないのである。

この単純な事実が、案外わたしたちを複雑な状況に陥れる。

ここまでのレベルなら安心できるという基準も存在せず、内部被曝するなら臓器に不均等に放射性物質が集積し、そこで低い線量でも身体機能や遺伝子を破壊する。その遺伝的損傷は、世代を追うごとに増大するという説まである。さらに、それらの影響は、すべての人たちに均等には現れず、長く、広い時空間の中でランダムにとしか言いようのないほど無作為かつ多様な現れかたをする。まさに当時の枝野幸男官房長官によって繰り返し言われた「直ちに健康に影響はない」という言葉の本質がここにある。

これが、私たちを不安に陥れ、また怠惰にもする要因である。

＊4　この報告書は「衆議院チェルノブイリ原子力発電所事故等調査議員団報告」の一環として、独自に翻訳され、日本国の衆議院のホームページにアップされているが（アドレスは左記）、別の翻訳プロジェクトにより、二〇一三年三月に書籍化された。オリハ・V・ホリッシナ『チェルノブイリの長い影――現場のデータが語るチェルノブイリ原発事故の健康影響』西谷内博美・吉川成美訳、新泉社、二〇一三年。
http://www.shugiin.go.jp/itdb_annai.nsf/html/statics/shiryo/201110cherno.htm

三年から四年、あるいは一〇年、時には数十年経たないと発現しない放射性物質による病は、二〇世紀以降の「文明病」と言うべき性質を持っているのかもしれない。

子どもは成人より遥かに大きな影響が出る可能性が大で、さらに女性は男性よりもその被害を大きく受けると言われている。

こうした従来の一般的な社会・生態構造のイメージからすると、言わば「逆向き」に猛威を振るってくる敵を相手に自衛をしていくということは、私たちのこれまでの発想そのものの基盤をも大きく揺るがされる事態が訪れたということでもある。その準備をわれわれは徐々に始めていかなければならない。だが、私が「文明病」と名指す本当の意味は、肉体的病以上に、科学の進歩・発展を盲目的に信じて疑わず、特定の利害のみを擁護して、人類の存亡が問われているにもかかわらず、目の前の現実を無視し、環境虐殺を続けていられるという、自分で自分の首を絞めていることを知らぬ人類史的な病のことである。

しかし、昨今の日本社会の状況を伝え聞くところでは、これらの事態に正面から向き合うのではなく、目を背け、一部では忘却し、あるいは（意識的に）無視しようとしたりする傾向が勝っているようにみえる。また一部では、事実を矮小化し、取るに足らないことと嘯き、放射能を語る者は「過剰反応」だと揶揄し、国際原子力ロビーが好んで使う「放射能恐怖症」（つまり心の病）にすべてを還元する傾向が強く現れているようだ。

実際、放射性物質による被害というものは、国際原子力ロビー（具体的にはIAEAやICRP、UNSCEARなど）のチェルノブイリ被害者への態度にも明らかなように、ほとんどすべてを

「気のせい」に帰して、さらにそれを諸国家が（自らの利益も考慮し）許容してしまう。それは、いま述べたように、放射性物質による健康被害が、集約的あるいは一様なかたちで身体に現れにくいという事実に起因する。

こうした状況のなかで、私たちはさまざまな「兆候」を探り、その跡づけをしていく、という気の遠くなるような作業を押し付けられてもいるのである。まさに前述したような、ベラルーシやウクライナをはじめとする、チェルノブイリの被害を受けた地域の民衆や医療関係者が長年置かれてきた立場である。

話を戻そう。ある出来事を「タブー」のように捉えて、集団的に内向する現象は、今回の事故に限らず、日本社会のなかにはすでに過去に散見される。例えば、天皇制周辺のことは、日本社会ではいまもってタブー視されたままである。私たちが敗戦を直視できず、責任者を処罰できず、アジアでの「従軍慰安婦制度」の犯罪性さえ、それを認め、自浄することができずにきた性向と今回のことはまったく無縁だろうか。

そして、広島・長崎の被曝者は、これと同類の内向する沈黙と差別、無視に晒されてきた。ハンセン病、スモン病、水俣病の犠牲者たちも同じ類型の差別と沈黙に出会ったのである。そこに在日、アイヌや沖縄の問題も含めるなら、差別構造は多々ある。このように日本には、封印される事象がいくつもあり、福島の原発事故は、それに加わる。

今回の事故、そして拡散した放射性物質と向き合うことは、自らを鏡に映し出すことを歴史的に避けてきた「私たち自身」ともう一度向き合うことを意味するだろう。

世界中をその汚染に巻き込むような大事故を起こしておきながら、検察も警察もその犯罪を追及しようとしない態度は、過去の私たちとどこかで通底していないだろうか。いまはとりあえず生きていける、という事情のなかで、大事な決断を常に無限に繰り延べにし、無限に回避していくという精神状態は、自閉症的である。

放射性物質という厄介な相手を無意識に回避してしまおうとする態度は、個々人のレベルでは、どの国の人間であっても日常あり得る光景だろう。しかし、このように集団的にこの事実を否認しようとするなら、何かしら日本社会に特有の現象と見なすべきではないか。そこから脱するために、何をすべきなのか。私たちは自分の姿をもう一度、鏡に映してみる努力をすることなしに、この未踏の試練に立ち向かうことはできないのではないか。自己正当化やプライドの上塗りを図ったり、ましてや自分の苦境を外部に投射し、在日外国人をスケープゴートにしてヘイトクライムをするのではなく、できうる限り「ありのままの」自分を映そうと努めること。そして、今回の事故をめぐる問題の根幹を自分たちで考えること。そこから始まる他者への共感や慈しみが、新しい連帯や新しい結びつきへと展開していく可能性である。

＊

本書を緊急出版することにした背景には大きな理由がある。それは、福島県民の意思や日本政府内部のさまざまな意向や思惑さえ飛び越え、ＩＡＥＡを中心とした国際原子力ロビー（原子力利益共同体、あるいは原子力ムラなどと比較的「優しい」呼称で呼ばれることもある）が、彼らの利害（あるいは本人たちにとっては理念なのかもしれないが）を死守するため、福島を彼らの意向に沿うように占拠しつつあるからである。

この事態の重要な点は、今後、これらの機関が、ＵＮＳＣＥＡＲ（アンスケア＝放射線防護に関する国連科学委員会）や民間団体でしかないＩＣＲＰ（国際放射線防護委員会）と手を取り、日本政府や福島県政の「協力体勢」を担保に、民衆に代わって、すべてを決定する機関になろうとしていることを意味する。

福島においては、ＩＡＥＡとＩＣＲＰが国際原子力ロビーを代表している。要するに、この国際原子力ロビーは、構造的暴力として、無限エネルギーという「（悪）夢」に取り憑かれた、原子力発電所や再処理工場など、関連施設が撒き散らす放射性物質を民衆に押しつけているのである。

巨額を投資し、時代遅れの巨大技術を駆使し、不平等と不公正をまき散らし、民主主義を破綻させたうえに、放射性物質による大地や水の汚染という取り返しのつかない惨事をもたらす。処理の方法を持たない核のゴミに至っては、気の遠くなるほど未来世代にまで負担を強いる。

そして苛酷事故が起こっても、あたかも現代によくある大事故と同じ、そのなかの「一つ」に過ぎないと見せかけようとしている。最終的には「放射性物質の影響は大したことはなかった」、つまり「被曝問題は存在しない」と公言すること。そしてそれを既成事実とすること。これこそが国際原子力ロビーの本音であり、チェルノブイリでも適用されたやり方である。

こうした構造的暴力は、昨年二〇一二年一二月一四—一五日に福島で開催されたIAEA国際閣僚会議においても、その策略の一端が明らかになった。幸い、それに対抗して市民によるいくつかのカウンター会議が開かれたし、〈福島の女たちの会〉や市民たちが福島県に直接抗議を行い、会場で「IAEA帰れ!」と抗議デモをおこなった意識の鋭い人々もいた。IAEAに対抗し、監視する市民たちの〈フクシマ・アクション・プロジェクト〉が動員をかけたものだ。

国際原子力ロビーの構造的な「悪」に、すでに目覚めている人たちは少なからずいる。彼らはIAEAの広報担当者とともに会場の前で会見をした。しかし、参加したのはまだごく一部の人々に過ぎないし、こうした情景は一般のマスコミでは報道されなかった。

チェルノブイリ事故に次いで、福島第一原発事故が、国際原子力ロビーの既得権を脅かすものである以上、それを最小限に食い止めるために、全面的で構造的な福島の我有化を開始していることは疑う余地がない。そのことを、一部の人々を除いて、日本の多くの人たちは気づいていない、あるいは充分認識していない。

新政権の安倍晋三首相は、戦後自民党政権が原子力を継続的に推進してきた結果としてこのような惨事に至ったことに対する反省も、被害者に対するお詫びもなければ、最初の施政方針演説で、原発問題を取り上げさえしなかった。福島原発事故を極力、小さな事故として隠したい、そうでなければ復興の停滞に伴う経済的ダメージを被ってしまうという日本政府の思惑と、原子力事故は乗り越えることが可能で、原子力をあくまでも世界的に推進していきたいという国際原子力ロビーの思惑が重なる。

国連の諸組織を理想化し全面的に信頼してしまうなら、チェルノブイリと同じ国際的な犯罪が放置され、犠牲者たちが棄民されるはのは目に見えている。無論、戦後以降、原発推進政策をとってきた代々の日本政府は、これらの国際組織と歴史的に共犯関係にあったし、あり続けていることは歴然としている。

こうした事実に警笛を鳴らすこと。汚染地域での暮らしをやむなく強いられている方々に、できうる限り被曝から逃れる条件（そこからまず〈避難する権利〉を国に認定させることを中心として）を提供すること（遠地にいる私にとっては、あらゆる有益な情報を提供すること）が、今しなければならないことの具体的な例である。

そしてできることなら、名古屋市民測定所『C－ラボ』の大沼淳一氏が指摘したように「とりわけ子どもたちの疎開や保養を実現することであり、作物の汚染を低減するための支援であり、東電や政府に対する賠償請求のお手伝いであり、将来、健康被害が顕在化した時に、救援活動が出来る準備」をしておくことである。そして当然、責任者を追及する福島原発事故告訴団を支援することもここに加えねばならない。

＊

さて、今回の福島で、国際原子力ロビーは、ベラルーシでのプロジェクトの経験と研究を生かし、とりわけ、民衆を無知の状態に放置しながら、放射能被害はたいしたことではない、と住民自身を自ら納得させるための、ソフトな心理作戦を〈ダイアローグ・セミナー〉という形で展開し、ハード面では、今後、福島県内にＩＡＥＡの拠点を三カ所に作り、測定、除染という実践を行なう。また福島県医科大学を中心に、住民の健康管理を一元的に行なういわば医療情報の遮断作戦、そして今後起こりうる次の原発苛酷事故に備えてアジアの対応拠点を作るという、チェルノブイリに続くトンデモ大作戦を展開しようとしている。その最先端に立っているのが、フランスの国際原子力ロビーである。

この問題を伝えようと、われわれは前出のドキュメンタリー映画『真実はどこに？』の日本語字幕版を、ミッシェル・フェルネックス医学博士の日本巡回講演に合わせて、二〇一二年五月から YouTube で公開することにした。制作に関わった誰もが、早く多くの人にこの映画が語っている「真実」を伝えたかったからだ。

その後、この作品の監督であるチェルトコフも関わっている〈インデペンデントＷＨＯ（世界保健機関の独立を求める会：複数の市民団体の連合体）〉の企画で二〇一二年五月に開催したジュネーヴ国際フォーラムの企画、とりわけ日本側の招待者を決定し、調整する作業を私が担当することになった。

この準備過程で、チェルトコフの著した『チェルノブイリの犯罪』に目を通し、日本からもさまざまな情報が届くなか、福島でチェルノブイリと同じ国際的な犯罪が繰り返されようとしていることを予感した。その犯罪は、あるまとまった形を取っているのではなく、さまざまな団体が入れ子状に、つまり公的機関、大学、研究機関、専門家、市民団体も参加し、しかも各組織はそれなりに独立しつつ、最終的には、国際機関の名の下にまとめられて公式化されてしまうという構造になっている。

ＩＡＥＡ、ＩＣＲＰという組織を取り巻く、この大きな枠組みの中には、ＩＡＥＡと密接な関係にあるＷＨＯ、放射線防護のＵＮＳＣＥＡＲ、またＯＥＣＤ／ＮＥＡ（経済協力開発機構原子力機関）なども当然入り、原子力の商業化に力を入れているＩＡＥＡの子分のような組織まで含めて眺めると、国際原子力ロビー（国際原子力権益共同体）の巨大なネットワークが浮かび上がってくる。そしてその衛星となっているのは、無数にある放射線医学研究所や放射線医学界である。

日本でも、すでに以前から、矢ケ崎克馬琉球大名誉教授や沢田昭二名古屋大学名誉教授、作家の広瀬隆氏などが、いち早くこの問題を指摘してきた。こうした先鋭な一群の専門家や活動家たちを除くと、一般的な市民のレベルでは、これらの問題点について認識がきわめて立ち遅れている。原子力問題に関する国際的次元への対応が市民運動の側から充分でないことを踏まえて、不足している情報を本書に盛り込んだ。

この巨大な構造を認識し、そこに何らかの突破口を穿っていかない限り、福島は、第二のチェルノブイリの犯罪の場になることは避けられない。そして福島以後の新たな事故もそれと同じ運命をたどることになるだろう。日本国内における個別のエネルギー転換問題や原発問題、放射能汚染の問題に取り組むことは不可欠だが、それだけでは、福島の「真の問題」は解決しないだろう。国際原子力ロビーによるチェルノブイリの実相の否定は二七年後の今も続いているのであり、その意味で、チェルノブイリ＝福島は切り離すことができない。さもなければ、この強靭な犯罪的構造が〈くさいものにフタ〉をするからである。

ＩＡＥＡの福島拠点づくりに対抗するために、昨年一二月の福島閣僚会議に立ち現れた市民たちの抵抗の動きを、さらに多様に増幅していかなければならない。この惨状を前に、わたしたちは、ただ茫然と、無関心と無知の中で佇んでいるわけにはいかない。わたしたちはこの国際原子力ロビーを解体、あるいは少なくとも一部を切断しなければならない。〈平和のための原子力《アトム・フォー・ピース》〉の時代はすでに黄昏時である。チェルノブイリと同じように、福島原発事故がもたらす今後の惨状がそれをますます明らかにするにちがいない。人類は、原子力と決別すべきときに来ている。それが、文明の進歩という名に価する唯一の決断である。

第一章　国際原子力ロビーとはなにか

なぜ、福島に来たのはWHOではなく、IAEAとICRPなのか

恐らく誰でも、福島に拠点を置こうとしている国際機関が、なぜ、健康衛生における国連の専門機関であるＷＨＯ（世界保健機関）ではなく、原子力を推進する国連の関連機関であるＩＡＥＡ（国際原子力機関）なのだろう、という単純な疑問が湧いてくる（無論、この疑問は、とりあえず国連の専門諸機関を信頼するという前提に立っての話だが）。ＩＡＥＡが「平和利用の」原子力推進機関で、民間利用の原子力技術の導入を指導しているのだから、事故処理のために日本政府や東電に協力するのは、理論上、分からないではないが、放射能汚染の影響による健康問題まで、自分たちの専門領域でないＩＡＥＡが管理しようとするのは、つじつまが合わない。国際レベルで、原発事故の放射能による健康障害に関与しようとするならば、健康と衛生の専門機関であり、「世界の

民衆を最も高い健康状態に導くこと」を憲章で謳っているWHOがどうして来ないのだろう？なぜWHOがチェルノブイリでも福島でも、当然すべき調査や診察、治療に対処しないのだろうか。チェルノブイリでは、事故発生後、五年間も、WHOは何の調査も行わなかった。福島に関しては、二〇一二年の前半に、調査団を福島に派遣しているが、数週間いただけという。この報告書は、「二〇一一年日本の東北地方の震災と津波の後の原発事故の放射線量に関する最初の評価」[*1]と題されて五月に公表されている。

NPO〈チェルノブイリ／ベラルーシの子どもたち〉の現会長で長年、原発問題に関わってきたイヴ・ルノワールは、この報告書に批判的な論証を行なっているので、ここに引用する。

そもそも、人間の過失と自然が揺動する大地の上に、放射能物質が集積している危険性を指摘せず、住民が浴びた放射線量の主原因があたかも地震にあるかのようなタイトルそのものが問題ではないか。事実、WHOは過去四つの放射線による危機、一九四五年、広島・長崎での、まるで実験のような原爆投下（むろん、一九四五年にはWHOは存在していなかったが、設立されてから、広島・長崎後の影響を調査することはできたはずなのだが……）、一九五七年のウィンズケールのプルトニウム原子炉の火災、そして一九七九年スリーマイル島での原発事故について、ほとんど何の調査もしなかった。IAEAも同様である。また一九四六年から一九八四年の長期にわたって行なわれた空中、海中、地下での核実験（広島・長崎の一万倍に匹敵する放射性降下物があった）についても、ほとんど関心を示さなかった。しかし、一九五七年に刊行された「人類に対する放射線による遺伝子への影響」と題する参照番号さえない報告が、こうした状況への唯一の嚆矢となっている。それゆえ、この国際的な公的機関の任務から、放射能の悪影響の問題は削ぎ落とされていると言える。一九五八年の報告一五一号「平和利用のための原子力の使用が引き起こす精神衛生の問題」における「放射能恐怖症」という〔放射性物質による疾患を誤魔化すための、精神的－文化的〕概念が一九八五年に近代的な装いで復活しているのだ。ＩＣＲＰの線量／影響モデルになかった身体異変を説明するためである。スリーマイル島での事故で放出されたヨウ素１３１に被曝した住民が抗体機能を喪失するのではないかという不安を抱いたことに驚いたアメリカの心理学者マーク・シェーファー〔Marc Sheaffer アメリカ、メリーランド州ベセスダ市大学センター勤務〕が作り出した概念だ。要するに原因／影響モデルに変えればいいと。この概念が、他の疾患にも適用された。一九八八年末のチェルノブイリの〔事故の報告において〕ガン以外の症状ついて、アルコール中毒と貧困以外の理由として、この「放射能恐怖症」という概念が導入された。この病気は治癒しがたい、しかし、一九九六年から二〇〇〇年代にかけて〔ベラルーシで〕行なわれたエートス、及びコール〔プロジェクト〕などの、欧州委員会がかなりの助成をおこなった精神的－文化的プログラムによって、この病気をなだめすかすことがで

＊1　英語版の資料はＰＤＦで以下からダウンロードできる。
http://www.who.int/ionizing_radiation/pub_meet/fukushima_dose_assessment/en/

きるだろう（訳出は筆者。後出の訳も特に断りがない場合は同様）。

さて、このＷＨＯによる報告書（「最初の評価」）の「執筆者」の経歴を無視するわけにはいかない。とりわけ、モスクワ放射線衛生研究所のミハイル・バロノフは、ＩＡＥＡ、ＵＮＳＣＥＡＲ（放射線防護に関する国連科学委員会）、そしてＩＣＲＰ（国際放射線防護委員会）の間で自分の経歴を打ち立ててきた人物である。ＩＡＥＡの除染専門家チームの一員として二〇一一年一〇月七日から一五日まで日本に滞在している。彼は政府内閣官房の低線量被曝に関するワーキング・グループにもメッセージを送っている。[*2]このメッセージのなかで、「一九八六年のロシアのブリャンスク地域における被曝状況の比較と二〇一一年の福島県の比較から、日本の人口における放射線起因の特別の疾患の増加はありそうもない」と書いている。こうした発言は、まさに本書がこれから一貫して問題化しようする「国際原子力ロビー」のドクトリンに沿った結論であり、ＵＮＳＣＥＡＲの評価でもある（この組織は、二〇一三年五月二七日にも甲状腺被爆線量を推計し、影響はないと発表した）。彼はＩＡＥＡのチェルノブイリ・フォーラム[*3]（これについては後述する）の報告書の編集委員会の科学秘書という中心的地位を占めている。他の執筆者もおおよそは、バロノフの同僚か、ＩＣＲＰ委員、あるいはＩＡＥＡ委員という肩書きを持つ専門家たちばかりである。

この報告書には、それなりの重要な意味がある。チェルノブイリ・フォーラムの報告に加わった「国際的な」専門家が執筆しているわけで、この最初の報告は、今後の国際機関による福島における管理体制の指針とされていく可能性が高いだろう。

だが、まずは最初の設問に戻ろう。なぜ、現在、福島に拠点を置き、住民の健康問題にまで口を挟もうとしている国際機関が、WHOではなく、IAEAとICRPなのだろうか。

IAEAとWHOの合意書（一九五九年）

最初の明らかな理由は、すでに原発や放射能問題に関して運動をされている多くの方々の共通認識になりつつあるので、重複を承知でいま一度、確認しておきたい。一九五九年五月二八日にIAEAとWHOとの間で締結された合意書WHO12―40は、[*4]核に関する双方の合意のない研究や調査を禁止している。IAEAは、核保有国五カ国によって成り立つ国連安全保障理事会に直属する機関であり、WHOは国連の他の多くの機関と同じ、経済社会委員会に属する専門機関の一つにすぎない。こうした組織的構造からいっても、WHOはIAEAより強い立場を取ること

---

*2　http://www.cas.go.jp/jp/genpatsujiko/info/news_111110.html
上記のサイトからダウンロードできる。なお、ワーキンググループの報告書には、「国際的な合意では、放射線による発がんのリスクは、年間一〇〇ミリシーベルト以下の被曝線量では、他の要因による発がんの影響によって隠れてしまうほど小さいため、放射線による発がんリスクの明らかな増加を証明することは難しいとされる」と書かれてある。

*3　二〇〇三年二月五日にウィーンのIAEA本部内に事務局が作られた。IAEA以外に、FAO、UN-OCHA、PNUD、PNUE、UNSCEAR、WHO、世界銀行、それにロシア、ベラルーシ、ウクライナの三国が参加している。

ができない。ＩＡＥＡがＷＨＯより政治的に強い立場にいることは明らかである。周知のように、国連は安保理事会の承認なくしては何も動かず、核保有する五つの大国（米国、ロシア連邦、中国、フランス、イギリス）の意向によって、すべてが決まる安保理事会がＩＡＥＡの運営を管理しているという構図なのである。

ウラディミール・チェルトコフによれば、「世界の軍事・民事の原子力ロビーによる人類の健康問題に対する覇権が始まったのは、一九五〇年代である」という。しかし、前出のイヴ・ルノワールによるＷＨＯの報告書への批判のなかでも述べられていたように、ＩＡＥＡとＷＨＯの合意書が締結される一九五九年以前、ＷＨＯの優れた専門家グループ[*5]は、一九五七年四月二四日に的確な報告書第を出している。その報告書の最初には、「遺伝子という遺産は、人類の最も貴重な財産である。それは我々の子孫の生命を決定し、未来世代の健全で調和に満ちた発展を決定するのである。私たちは専門家として断言する。原子力産業と放射能源の発展と増加は、来るべき

＊4　この合意書は一三条項から成り立っており、とりわけ重要な項目は、第一条と第三条である。

第一条　協力と協議

1．国際原子力機関と世界保健機関は、国連憲章の一般的枠内で、相互の憲章の議事録に基づいて定められた目的の実現を容易にするため、緊密な連携の元に行動し、相互の共通利害に関する問題については、協議を定期的に行なうものとする。

2．とりわけ、世界保健機関の憲章、並びに国際原子力機関の定款に従い、また国連と取り交わした合意や、それに関連して交わされた書簡に基づき、同時に二つの組織の調整における相互の責任を鑑み、世界保健機関は、

当機関の、研究も含めたあらゆる様相において、国際的な保健行為を推進し、発展させ、支援し、調整することに関与する権利を損なうことなく、平和利用における原子力の開発ならびに具体的使用について、世界中で支援し、援助し、調整する役割は、国際原子力機関にあることを認めるものとする。

3．当事者の一方が、他の一方にとって重大な利害がある、あり得ると見なされる分野の計画または事業を立案しようとする度ごとに、前者は、後者に対して、相互の合意による問題解決をすべく、協議をするものとする。

（注：第一条の問題点は、ＷＨＯの保健衛生に関する権利を認めながらも、原子力に関しては、従属させようとしている点に注目すべきだろう）。

第三条

1．国際原子力機関と世界保健機関は、提供を受けた情報の機密性を保つために、何らかの抑制的な措置を取るべき場合が生ずることを認識する。したがって、本合意書の一方あるいは他方が、その所持する情報について、その公開が、その機関のいずれかの加盟国、あるいは、誰であれ前述の情報を提供した人の信頼に背くことになるか、または業務の円滑な遂行を何らかの形で妨げる恐れのあると判断した場合については、この合意書のいかなる文言も、情報の提供を義務付けているもののように解釈してはならないという点で、双方は合意している。

2．国際原子力機関の事務局と世界保健機関の事務局とは、ある種の資料の機密性が保たれるために必要な手段が取られるという条件付きで、双方にとっての関心事となりうる、あらゆる企画や計画にについて相互に承知しておくものとする。

3．世界保健機関の事務局長と国際原子力機関の事務局長、あるいは各人の代理人は、双方どちらか一方の求めに応じて、諮問委員会を開催し、どちらか一方が有している情報がもう一方にとって関心事でありうる場合に、それを提供する場とする。

http://books.google.fr/books?id=D5a112QKtigC&pg=PA62&lpg=PA62&dq=%E2%80%9CWHA12-40%E2%80%9D,+le+28+mai+1959&source=bl&ots=H4grVymEjo&sig=_nNL5QzhjOq4S2EjL6lgfS0RCZI&hl=fr#v=onepage&q=%E2%80%9CWHA12-40%E2%80%9D%2C%20le%2028%20mai%201959&f=false

＊5　Dr P. Dorolle, Dr. A. Hollaender, Dr T.C. Carter, Dr W.M. Court Brown, Dr S. Emerson, Dr N.Freire-Maia, Dr A.R. Gopal-Ayengar, G.H.Josie, Dr B.Wallace, Prof. L.S. Penrose, etc

世代を脅かすものである。（……）私たちは、同様に、人類に現れる新たな突然変異は、人類とその子孫にとって、不幸をもたらす、とみなしている」と書かれているのだ。ここではすでに遺伝子学の専門家たちが警笛を鳴らしている。[*6]

しかし、一九五九年のＩＡＥＡとの合意以降、ＷＨＯの報告書からは、こうした警笛はほとんどなくなり、またこの報告書自体が、同年、それに沿った別のＷＨＯ報告第一六六号[*7]を刊行されたことで、幻の報告書となった。

だが、それにしても、ＷＨＯ自体は、過去には放射線の影響による病理学的／疫学的研究調査をする部局を持っていたが、現在、それらはすべて廃止され、対応できるベテラン専門家は外部にしかいない。そのＷＨＯが、なぜ、自らの名を冠した報告書を作成できるのか。[*8]現在、三人の若い放射線専門の科学者がいることはいるが、彼らは、「公共衛生と環境」部に統合されていて、放射線の専門部局は存在しない状況にもかかわらず、である。

重要なことは、国際原子力ロビーにおいて、放射線防護の国際的な取り組みと枠組み作りがどのようなメカニズムで動いているかを理解しておくことである。例えば、放射線防護に関して、ＵＮＳＣＥＡＲは、彼らの趣向に合わせて、査読をしている科学雑誌に刊行された論考や資料を選択、集積はするが、自らの調査研究活動をしているわけではない。それゆえ、科学委員会という名称自体が幅広い活動を行っている組織だと誤解するもとになっているが、実はデータの収集ベースを作り、それをＩＣＲＰに渡すことが作業の主目的であり、それらをもとにレポートを作成したりしているだけなのだ。査読を行なっている科学雑誌に掲載された論考を審査委員会が審査するが（論文化されない現場の生データは、最初から排除されてしまう）、委員会が主観的にいいと判断したものが採用され、それらが科学者たちの独立した査読委員会にかけられることはない。それらの資料をＩＣＲＰという歴史的な組織ではあっても、一般のＮＰＯと同じ立場にしかいない慈善団体（この組織がそう自称する）が、それらの資料を元に勧告書を作成し、それをＩＡＥＡが実施するという仕組みが現在、実際に行なわれている手続きなのである。事実、イヴ・ルノワールが指摘するように、フランスのフェミニストとしても知られ、物理学と化学を修め、原子力一筋にキャリアを作り上げてきたアニー・スジエ[*9]が編纂して二〇〇七年に出されたＩＣＲＰ勧告１

＊6　幻の報告書となったこの報告書は、現在、フランスのＮＰＯ「チェルノブイリ／ベラルーシの子供たち」のサイトにしかない（左記アドレス）。一九五九年以前のＷＨＯの誠実な専門家たち――少なくとも核実験競争の果てに襲ってくる放射能の危機を憂慮した遺伝学者たち――は、「科学の真理」に忠実であろうとした。
http://enfants-tchernobyl-belarus.org/doku.php?id=base_documentaire:articles-1957:etb-100

＊7　http://dar.bibalex.org/webpages/mainpage.jsf?PID=DAF-Job:213150&q=
ＰＤＦ（仏語）でダウンロードしたい場合は、
http://www.google.fr/url?url=http://whqlibdoc.who.int/trs/who_TRS_166_fre.pdf&rct=j&sa=U&ei=TLnFUJ3kHuSd0QW9lYGQAw&ved=0CBoQFjAC&sig2=rmLiWXzgnHKGbDX8SxPTQ&q=EFFETS+G%C3%89N%C3%89TIQUES+DES+RADIATIONS+CHEZ+L%27HOMME&usg=AFQjCNG_Fs2PtDUgEKE5rDIYPC-WNw8dPg

＊8　そもそも、日本では、右派でも左派でも、政府も官僚もジャーナリストやメディアも、真っ当と思える研究者でさえ、国際機関だというだけで、丸ごと信頼してしまい、批判的な視点から、それらの報告書を査読することは、ほとんどやらない。これも大きな問題である。

03には、〈チェルノブイリ〉という言葉はほとんど登場しない。そのあとに、WHO、IRPA（国際放射線防護協会）、OECD／NEA（原子力機関）などが、バックアップする構造となっている。こうした全体像を、私たち市民は、もっとよく把握しておく必要があるだろう。

このような事態を把握する難しさは、これらの組織で働いている研究者や専門家のすべてが黒か白で簡単に分けられない曖昧な部分を含んでいるからである。たとえば、WHOで勤務している研究者や専門家の中には善意で、実直で誠実な人もいるだろう。またWHOの実施する調査や研究、報告などでも放射能以外の分野では、優れたものも多い。原子力関係の中核組織はかなり白黒が明らかだが、それらの組織の他の協力組織、大学研究者、専門家、NGOには、そのような政治的認識は希薄で仕事している場合もあるだろう。例えば、ベラルーシの〈コール・プロジェクト〉以降、参加したフランス西部にある市民放射能測定所アクロ（ACRO）は、きちんとした測定を行なっているし、福島の子どもたちの尿検査や食品検査などをして福島を支援している貴重な組織だが、善意であっても、〈コール・プロジェクト〉、〈サージュ・プロジェクト〉に参加したことで、最終的に、ここで論じるような、きわめて閉鎖的な「構造」を知らず知らずのうちに擁護してしまう、政治的に危うい立場を選択してしまった。

一般的な権力の問題においても言えることであるが、こうした〝グレーゾーン〟をうまく取り込むことは、「戦術」として重要な鍵となる場合が多く、このことによって、策略はプロパガンダではなくなり、より一般化されたもの、つまり市民が参加し公認したものとして国際的に認知されてく構造がある。
現在、福島三春町、南相馬市、そして福島医科大学に拠点を作ろうとしているＩＡＥＡがどのような組織なのか、後に詳しく論じるが、福島にこの組織が上陸したことは、今後も原子力推進を続けるというサインであり、健康問題も含めていっさいをＩＡＥＡが頂点となって管理していくという表明である。
歴史的経緯を知れば、あたかも公明正大な国際機関という衣をまとったＩＡＥＡの本来の姿が見えてくる。つまり（それこそ、われわれの方が「公明正大な」視点をもって眺めてみたとき）、この組織は、国際政治的な駆け引き／力関係の中でできた、「原子力管理の組織」という側面が見えてくる。それゆえ、ＩＡＥＡの中で謳われている「平和と健康と富への原子力の貢献」という文言は、医療分野への放射線の実践的導入の推進に過ぎず、放射能汚染による健康への悪影響についての研究でもなければ、治療でもないことは、明白なのである。この機関が、なぜゆえに、専門性を持たずに、ＷＨＯが本来すべき任務を代行しようとするのか？　その意図は本書を読み進めて頂ければ、次第に透けて見えてくるはずである。[*10]
ところで、日本政府の原子力関連の各種委員会のメンバーは、原子力、ないしは放射線医療を

＊9　大学卒業後、仏原子力庁に勤務、のち、ＩＲＳＮの前身ＩＰＳＮに転勤、放射線防護局の局長となり、二〇〇六年から退職するまで、ＩＲＳＮの理事長つき顧問。二〇〇一年から二〇〇四年まで、ジャック・ロシャールにその席を譲るまで、ＩＣＲＰ第四委員会委員長だった。

積極的に推進していこうとする勢力に属する人たちであり、彼らは放射能のネガティヴな側面は軽視し、放射線を使って得られる利益のほうが遥かに高い、と考えている人たちである。その人脈は四方八方に繋がっていて、一人の人が複数の地位を占めている場合も多い。それらについては、後ほど言及するが、日本では、よく原子力ムラと呼ばれる。ムラというような小さな共同体ではなく、国際的な利益共同体であり、相当、巨大な勢力である。私はとりあえず単純化して、彼らを「国際原子力ロビー」と呼んでいる。この組織は、相互に人事異動を行ない、あるいは二重に職務を担当し、疑似科学を使って、事実を改竄し、何百万という市民をモルモットのように扱い、犠牲者を結果的に棄民しているのだが、表面は、〈礼儀正しく、真面目で勤勉、善意に満ちた〉科学者や研究者、職員たちなのだ。だから、なおさら困るのである。そのうちの何人かはＩＡＥＡのメンバーであったり、ＩＣＲＰの委員となっている。

放射線防護に関しては、ＩＣＲＰの勧告に完全に従う、というのが、原子力ロビーを推進してきた日本政府のしごく当然の態度である。というのも、政府のアドバイス役の諸委員会や専門家、顧問たちがまさにＩＣＲＰ委員を中心とした専門家たちなのであるから、その影響は避けようがない。いくつもの耳を疑うような言辞で有名な山下俊一福島医科大学副学長・前長崎大学大学院教授や、財団放射線影響研究所評議員で製薬会社バイオメデックスＣＥＯの丹羽太貫京大名誉教授も、世界の放射線防護の専門家たちが依拠して止まないＩＣＲＰの主委員である。日本では、よくも悪くも、放射線学の専門家はほとんどこのＩＣＲＰモデルだけを頼りに養成されてきている。だから、放射線医学の専門家がＩＣＲＰを批判的に検証するなどということは夢のまた夢なのである。その上、放射線安全フォーラムの加藤和明理事長のように、放射線量が微量だと人間の身体に良い影響を与えるという「放射線ホルミシス効果」を信仰している人たちもいる。彼らにとっては、ＩＣＲＰ直線モデル（ＬＮＴモデル）でさえ、不十分ということになる。しかし、この効果は今までのところ、科学的に一度も実証されたことがない。こうした事態に対して、ロシア科学アカデミーのアレクセイ・ヤブロコフは、「チェルノブイリ事故以後、ある科学者たちは人以外の系における低線量効果に基づいてチェルノブイリのような線量は人間やすべての生物にとってためになるとの主張を始めて、ＬＮＴモデルなど現代の放射線生物学のいくつかの概念の改訂を試みる活動が続けられている」と見ている。放射線には人間に恩恵を与える力があるはずだというこうした考え／信仰は、ラジウムを発見したキュリー夫人の時から、ずっと続いているのである。彼女や夫のピエール・キュリーは、自分たちの体がラジウムの放射線で蝕まれていることを知らずに、夫人はガンで亡くなるまで、放射線の効用を信じていた（ピエール・キュリーは、

＊10　このような不条理に反対して、ＷＨＯの独立を訴える複数の市民団体の連合体〈インディペンデントＷＨＯ〉が、五年も前から毎日、〈ピホクラテスの見張り番〉というヴィジルを、雨の日も風の日も雪の日も欠かさず、ジュネーヴのＷＨＯ本部の前で行っているが、無視され続けている。だが、この運動体の活動は、捨てたものではない。この運動を通して、こうした国際機関の役割の矛盾点をあからさまにしたばかりでなく、チェルノブイリでの影響の客観的事実の公開、そして現地で行なわれてきた様々な国際的なプロジェクトの問題性をも浮き彫りにしてきたからである。

放射線の悪影響とリュウマチで病んでいたが、事故死してしまった)。

さて、ここから、本書の表題にもなっている「国際原子力ロビーの犯罪」を具体的に明らかにしていくわけだが、その前提として、このような体制が歴史的にどのように構築されてきたのか、過去に戻って再考してみよう。

広島・長崎以降、放射線被曝の何が解明されたか

ＡＢＣＣから放射線影響研究所へ

今日の放射能防護の基準は、広島・長崎の調査データを基礎にして出来上がっていると言われている。しかし、これらの調査に問題が多いことが、過去二〇年ほどの研究によって、次第に明らかになってきている。広島・長崎以降に、どのような医療研究がなされたかについては、過去にはなかった批判的な研究書や論考が[*11]一九九〇年以降、すでに出ているので、それらを読んで頂ければ、おおよその概要は知ることができる。その全容が明らかになっているとはまだ言えないが、多くの研究者の尽力で、様々なことが解明されてきている。ここではそれらの書物を参考にしながら、広島、長崎への原爆投下以降、放射線被曝の研究が、何を目的とし、どのように行なわれ、どのような枠組みで、何を目指してきたのか、概要を簡単に紹介したい。

実際、かの有名な組織ＡＢＣＣ（Atomic Bomb Casualty Commission）、つまり米軍が原爆投下後、

日本占領中に作った原爆傷害調査委員会（そもそもこの訳語は正しいのだろうか Casualty を傷害とするのは誤訳でないか）は、調査が目的であって、治療はいっさいしなかったことは周知の通りである。全米科学アカデミー・学術会議と、日本の国立予防衛生研究所との純粋な学術的事業である、という主張が公にはなされてきたが、それは建前に過ぎなかったことが、前述の研究書から理解できる。ＡＢＣＣの研究が、その出発点となった「日米合同調査団」が一貫して、米国の軍事医学的な姿勢に基づいて行なわれてきたことを忘れてはならないだろう。換言するなら、原爆の殺傷力がどのくらいあったかを調査、検証するもので、その継続として、長期的な研究をするために、設置されたのが、ＡＢＣＣであったという事実である。

こうした文献の中でも、とりわけ科学技術史の専門家であった神戸大学教授中川保雄、[*12]一九八

＊11　中川保雄「広島・長崎の原爆放射線影響研究――急性死・急性傷害の過小評価」『科学史研究』第二五巻、No. 157（一九八六年）、同『放射線被曝の歴史』（技術と人間、一九九一年）。笹本征男『米軍占領下の原爆調査――原爆加害国になった日本』（新幹社、一九九五年）、笹本征男「放射線影響研究所と原爆被爆者」中山茂・後藤邦夫・吉岡斉編『通史 日本の科学技術』第五巻Ⅰ所収（学陽書房、一九九九年）、笹本征男「原爆加害国になった日本――米軍占領下の原爆調査から 第一回：原爆被害調査の真実」『軍縮地球市民』no. 1（二〇〇五年六月）、no. 2（二〇〇五年九月）」no. 3（二〇〇五年一二月）所収、高橋博子『封印されたヒロシマ・ナガサキ』凱風社、二〇一二年。

Susan Lindee, *Suffering Made Real: American Science and the Survivors at Hiroshima* (Chicago: The University of Chicago Press, 1994). John Beatty, "Genetics in the Atomic Age: The Atomic Bomb Casualty Commission, 1947-1956," in Keith R. Benson, et al. (eds.), *The Expansion of American Biology* (New Brunswick: Rutgers University Press, 1991).

〇年代後半に在外研究員として渡米したおりに、米議会図書館など多くの公的文献に直接当たり、数々の議論を反核・反原発運動の担い手たちとおこなう中で熟成された適確な視点によってまとめた犀利な著作『放射線被曝の歴史』がたいへん示唆に富んでいる。そのなかで、中川保雄は、

ＡＢＣＣの設立は原爆投下直後の広島・長崎で原爆の破壊力のうち、とくに人体への殺傷力に重点を置く調査にあたったいわゆる「日米合同調査団」を指揮したアメリカ陸軍および海軍の各軍医総監がマンハッタン計画の推進時から密接な協力関係にあった全米科学アカデミー・学術会議に対し、長期的な、したがって当初から軍事的計画日程に入れられていた原爆障害研究に関する包括的契約研究の一環として、広島・長崎の後障害、放射線による晩発的影響研究の組織化を要請して開始されたのである。両軍医総監はそのため全米科学アカデミー・学術会議に、「原子障害調査委員会（ＡＣＣ）」と呼ばれる組織を結成させた。もちろん同委員会のメンバーは、軍やアメリカの原子力委員会と密接な関係を持つ人たちで組織された。

それらの手続きを進めながら陸・海軍の当事者たちが、ＡＣＣの広島・長崎での現地調査機関としての組織を形成させたが、この委員会はＡＣＣの支配下にあることを具現するものとしてＡＢＣＣの名称を与えられた。ＡＢＣＣがアメリカ本国で結成されたのは当のＡＣＣの正式発足よりも早く、またそのための大統領指令の発表よりも早い一九四六年一一月一四日であった。またＡＢＣＣの先遣隊として日本に派遣されたのはＡＣＣの委員の一人であるブルーズ

（Austin M. Bruse）とヘンショウ（Paul S. Hanshaw）のマンハッタン計画従事者に加えて、陸軍軍医団のニール（Jim V. Neel）など軍医関係の五人であった。彼らが来日したのは、一九四六年一一月二五日で、「ＡＢＣＣ設立の大統領指令は発せられた」とされる一一月二六日以前のことであった。早く言えば、ＡＢＣＣの主張する公式の歴史が始まる前に、実際にはＡＢＣＣが誕生して、活動を開始していたのである。要は、それほどまでして軍は広島・長崎での調査を自らの支配下で進めようとしたのであった。

と述べている。

このように、中川保雄は、公的アーカイヴに目を通し、一級の重要文献を探り当て、当時の米国の政策の本質を見抜いている。つまりＡＢＣＣの行なった調査は、被ばく者たちの健康状態を診察して、実際の治療に役立てるためではなく、まずは原爆の威力の成果がどのくらいあったのかを実証し、ついで予測していた今後の核戦争に備えるためのデータの収集であった。「日米合同調査団」とは名ばかりで、日本政府や科学者の協力を取り付けるための口実に過ぎなかった、ということである。つまり被ばく者は、こうした調査のモルモット的存在だったのだ。それは、広

＊12　この素晴らしい研究者が一九九一年、病床でこの著作を完成させた直後に、四八歳の若さで逝去されたことが、たいへん惜しまれる。刊行された一九九一年当時は大きな脚光を浴びなかったが、いま、福島での事故によって、その研究が再度注目されている。

島、長崎の被ばく者に限らず、太平洋で数多く行なわれた核実験の被ばく者たちも、同様の扱いを受けてきたのである。[*13]

この日米合同調査団は、一九四五年九月から一年間、被ばく調査を行い、その収集データはすべて米国の陸軍病理学研究所に送られ、日本人研究者が解析することは許可されなかった。都筑正男東京帝国大学教授、アウターソン博士、ワーレン博士によって、調査団は指導され、占領軍の特権を背景に調査を行い、死亡した被ばく者の遺体は強制的に解剖され、標本として米国に送られた。都筑正男は日本人による研究ができないことに抗議した結果、占領軍は、彼が海軍軍医少将であったことを理由に罷免し、公職追放処分にした。だが、放射能による特有の疾患を〈原爆症〉として最初に認定したのは、都筑正男そのひとである。ちなみに、後年、一九五四年に第五福竜丸事件の時にも、彼が医学調査をおこなったが、放射能が身体に及ぼす影響をたいへん憂慮し、それを長期的に研究している国はどこにもないし、そうした症状を治療できる医者もいないと、嘆いている。[*14]

一九四六年一一月二六日、生涯、原爆投下を正当化し続けたトルーマン大統領は、全米科学アカデミーに原子爆弾による傷害調査を目的とする委員会の設置を指示した。これがＡＢＣＣである。実際にこの委員会が、広島日赤病院内に開設されたのは一九四七年三月である。翌一九四八年、広島ＡＢＣＣは宇品町の旧凱旋館に移転し、同年七月に長崎医科大学内にもＡＢＣＣが開設された。一九四九年七月には広島比治山に、かまぼこ型の研究施設が建設され、一九五〇年に移転。小児科研究プログラム、被曝者人口調査、白血病調査、成人医学調査、胎内被爆児調査などが相次いで開始された。しかし、これらの調査には、爆心から二キロ以上離れたところで被ばくした住民たちは、勘定に入れられていないし、後日、入市した者たちや、放射能雲の含まれた、いわゆる〈黒い雨〉を浴びた者たちも調査の対象外となっている。つまり、爆発後の放射能の影響や、内部被曝問題は、このときからほぼ排除されてきたといっていいのである。一九四五―五〇年に被ばくの影響で高い死亡率を示した被ばく者がすべて除外されているし、爆心地近くで被ばくしたが、その後長く市外に移住を余儀なくされた高線量被曝者も除外されている。一九五〇年に国勢調査対象とされた直接被ばく者二八万三五〇〇人のうちの四分の一程度だった。[*15]またその付帯調査としての寿命調査（LSS, A-Bomb Life Span Studies）は、広島、長崎に住んでいたと確認された約九万四〇〇〇人の被ばく者と、約二万七〇〇〇人の非被ばく者からなる一二万人を対象とした。同年一月には白血病調査も行われたが、その時点で生存したものだけが対象で、すでに死亡したものは含まれなかった。

だが、ＡＢＣＣの調査は、「血は取られるが、治療してくれない」という悪評が広島、長崎の

＊13　豊崎博光「マーシャル諸島　核の世紀〈1914-2004〉」上・下、日本図書センター刊、二〇〇五年。
＊14　衆議院厚生委員会での証言：衆議院議事録　第〇一九回国会　厚生委員会、第一八号（一九五四年三月二二日）。
＊15　中川保雄『増補　放射線被曝の歴史』。

市民に次第に浸透した。一九五二年、サンフランシスコ講和条約発効に伴い、米国による占領は終わり、日本は沖縄以外の全権を回復したが、ABCCの方針は変わらず、一九五五年以降は、調査も停滞気味になった。

一九五四年、アメリカの水素爆弾ブラボーの太平洋ビキニ環礁での実験「キャッスル作戦」によって大量の死の灰を浴びて焼津港に戻ったマグロ漁船、第五福竜丸事件は、大反響を起こした。この事件に衝撃を受けた杉並区の主婦たちの小さな読書会〈杉の子会〉[*16]が始めた原水爆廃絶署名運動が世界的な反核運動のきっかけとなったことは、最近ではやっと多くの人たちに知られるようになった。一九五六年、こうした運動の高まりの中で、日本原水爆被害者団体協議会が設立された。

一九五八年に、二万人を対象とする成人健康調査、一九五九年に一〇万人を対象とする寿命調査（LSS）が再スタートし、現在でもその調査は、財団法人放射線影響研究所（略称：放影研RERF）によって続行されており、二〇一二年までに合計一四回報告が出されたが、これが、放射能安全神話を支えていると言われている。[*17]要するに、爆発時の強烈な一次放射線を除けば、残留放射能や放射性降下物（フォールアウト、〈黒い雨〉もその一つ）などによる健康への影響はなかった、そしてみな長生きしているではないか、という仮説である。

しかし、一九六七年の第一三回原水爆禁止世界大会においては、ABCCの撤去と資料の全面公開を求める決議が採択された。だが、ABCCは解体されたが、作業は、この放影研に引き継がれ、資料の全面公開はいまだに果たされていない。様々な理由をつけて、公開を拒んでいるのだ。放影研は、アメリカとの堅い協力関係を崩していない。

都筑正男の後任として、ＡＢＣＣの日本側代表に就任したのが、重松逸造である。一九七五年にＡＢＣＣが解体され、日米共同出資で、放影研が設立した後、彼は初代理事長になった。重松は一九九〇年ＩＡＥＡによるチェルノブイリ事故健康影響調査団の団長として参加、その報告の改竄的性格は、現地の住民から顰蹙を買った。重松については後述する。

当然、放影研は、ＡＢＣＣ時代からの流れを引き継いでおり、当然、考え方としては、原爆による外部被曝のみを中心に扱うというスタンス、またＩＣＲＰのプロトコルを基本にしていることなどで、福島のような内部被曝の恐れが高い事態について、どのように対処するのだろうか。放影研は、福島事故の後、すぐ、現地に医療調査団を派遣しているのだが。

第五福竜丸事件の時も、結局は、被ばく問題は外部被曝だけの問題に終始し、南洋諸島や海洋

＊16　当時杉並区にあった主婦たち一〇人ほどの読書会「杉の子会」（安井郁・法政大学教授を中心にした）があり、その会員のひとりに魚屋のおかみさんがいて、ビキニ事件でマグロが売れなくなった、どうしたらいいだろうかと相談したことが発端となって、署名運動を思いつき、「水爆禁止署名運動杉並協議会」が二ヶ月後の一九五四年五月に誕生した。この著名運動は瞬く間に全国に普及して、原水爆反対となった。署名者は三千二百万人を超えた。丸浜江里子著「原水爆署名運動の誕生」凱風社、二〇一一年。

＊17　哲野イサク、広島・ウェブジャーナリスト
http://www.inaco.co.jp/isaac/shiryo/zatsukan/030/030.html

に降下物が落ちて以降の南太平洋諸島に住む住民や、当時無数にいた漁船の船員たちの追跡医療調査や治療が適確に行なわれるどころか、原爆症や内部被曝による疾病などの認定や補償は、ほとんどなかったと言っていいほど、無惨な状態であった。とりわけロンゲラップ島の島民たちは棄民されたのだ。[*18]

こうした歴史的経緯を踏まえた上で、フクシマ後の日本で盛んに名が出てくるＩＣＲＰ（国際放射線防護委員会）とはいったい何か、考えてみたい。

ＩＣＲＰとはなにか

ＩＣＲＰは、放射線防護の国際基準と勧告を作っている組織で、国際放射能防護委員会（International Commission of Radiological Protection）の略称である。ＮＰＯ組織のひとつだ。なぜ、民間組織があたかももっとも権威のある公的国際機関のように振る舞っているのか。しかもこの組織の出す勧告が、放射線防護に関する世界で唯一の価値基準であるかのように。また日本ではすべての放射線専門家や医師が、ＩＣＲＰの基準を学ぶところからしか出発していないので、ＩＣＲＰの名前は金科玉条である。しかし、疾病と原因の因果関係がすべて証明されていない放射能による病理の領域で、一つの科学者組織が恣意的な決定をして世界に君臨しているのである。しかも予防原則を適用せずに。おまけに、ＩＣＲＰの活動助成金は、ＩＡＥＡ、ＷＨＯ、ＩＳＲ（国際放射線学会）、ＩＣＲ（国際放射線会議）、ＯＥＣＤ／ＮＥＡや欧州連合から公的資金が拠出されているのである。

ＩＣＲＰは、一九二八年の第二回国際放射線医学会議開催の折りに、Ｘ線とラジウムからのＩＸＲＰＣ（防護国際委員会）が設立され、この国際委員会がもともとの出発点となっているが、現在の名前ＩＣＲＰになったのは一九五〇年だ。当時の時代背景と、米国主導の組織の改編について、とりわけ注意をしておかなくてはならない。

現在、イギリスには、この団体は民間団体として登録されていて、カナダのオタワに事務局が作られているが、本部を持った国際機関ではない。放射線医療に携わっている世界中の多くの医者、専門家がこの組織に関わっているわけだが、いつしか国際機関と連携して作業するようになり、唯一の放射線基準を設定し、勧告を出す機関となっている。初代委員長のスウェーデンの物理学者ロルフ・マキシミリアン・シーヴェルトは、スウェーデン国立放射線防護研究所の初代委員長でもあり、放射線防護に大きな役割を果たした。一九七九年に被爆線量の単位として、彼の名前シーヴェルト（本書ではこの単位は、日本で一般化した「シーベルト」という表記で統一する）が用いられるようになった。たしかにこの組織は、医療上の放射線防護の基礎的な意味で、世界的に大きな貢献をしてきたことも否定できない。だが、アメリカの原子力委員会やＮＣＲＰ（米国放射線防護委員会）の影響の元に新たに現在の名称の元に再出発した背景には、米原子力委員会やＮ

＊18　豊崎博光『マーシャル諸島　核の世紀〈1914-2004〉』。同『グッドバイ　ロンゲラップ――放射能におおわれた島』築地書館、一九八六年。

CRPが「いかにすれば主導権を握って国際的議論をリードし、リスク受忍論を主柱とする許容線量体系を全面的に導入することができるか[*19]」、という点がその主要テーマだった。

IAEA、UNSCEARなどと連携した作業をするようになった背景には、米国の意図するところ――世界中に原子炉を売り込むと同時にリスク受認論を疑似科学論によって一般化する必要――があったためだろう。しかし、チェルノブイリ事故後の評価を巡って、取るべき勧告や評価を行わなかったことから、客観的科学性を持った組織としての正統性は明らかに疑われている。

この組織には、主委員会の下に五つの専門委員会が設けられ、必要に応じて、テーマごとのグループ（タスク・グループと呼ぶ）が作られる。

第一委員会：放射線の影響
第二委員会：放射線の線量限度
第三委員会：医療放射線防護
第四委員会：勧告の適用
第五委員会：環境への防護

医療放射線防護に関する国際的な枠組みがどのようになっているか、諸機関との関係はどうなっているか。前述したように、ICRPは医療分野における防護は、第三委員会が行なっており、第四委員会が勧告の適用を担当している。UNSCEARがデータをまとめ、それらのデータを元に、ＩＣＲＰが基本的な枠組みを作って勧告を作成し、ＩＡＥＡが、それを実行していくという流れである。だが、医療放射線防護と一般的な放射線防護とでは根本的な部分が違う。

歴史的な起源を辿り直すために、前出の中川保雄著『放射線被曝の歴史』を再度参照したい。ＩＣＲＰの「前身のＩＸＲＰＣは、放射線関連学協会を主体として、放射線による職業病を防ぐための……科学者たちによる学術組織と言えた。しかし、ＩＣＲＰはアメリカを中心とする三国協議、すなわちマンハッタン計画の戦後のもう一つの産物であった。そして組織の性格と目的が、大きく変わった。放射線防護のための戦後の国際的体制は、アメリカの主導の下に、核兵器と原子力開発の推進者たちにより、その推進体制に沿うものとして、生み出された。ＩＣＲＰは、かつての科学者の組織から、それを隠れ蓑とする原子力開発推進者による国際的協調組織へと変質させられた」（傍点、引用者）という。

「アメリカのＮＣＲＰが導入し、ＩＣＲＰが追認した放射線防護の新しい基準は『許容線量』と呼ばれるものであった」。つまり、当初あった耐容線量は、遺伝学者による放射線による突然変異の発見で崩壊した。放射線に閾値というのはないことを認めざるをえなくなった。その後に出てきた概念が許容線量だ。この概念が公式に採用されたのは、一九四六年、ＮＣＲＰの第一小委員会の名称にこの語が使われたのが最初だという。その後、一九五〇年にその値を改定してい

＊19　中川保雄著『増補　放射線被曝の歴史』。

る。しかし、放射線が低量でも人体に悪い影響があり得るとして、一九五四年に「可能な最低限のレベルに」（ＴＬＰＬ）とした。要するに最適なレベル《オプティミゼーション》を設定するというものだ。しかし、この表現は、一九五八年「実行出来るだけ低く」（ＡＬＡＰ）とか、一九六五年に「容易に達成できるだけ低く」（ＡＬＡＲＡ１）とか「合理的に達成できるだけ低く」（ＡＬＡＲＡ２）とか、幾度となく、一九七三年まで改正しているのであるが、表現としては、段々、後退している。許容線量という概念が次第に変質し、一九五八年にリスク受忍論が導入され、それがリスク＝ベネフィット論による表現となったことを、中川は看破している。

　常に、政治的な介入があるのだ。一九五〇年代は核実験の時代であり、五一年にネバダの核実験があり、五四年にビキニのブラボー水爆実験があった。こうした原水爆の実験競争が、人類死滅の恐怖を引き起こしたことはまちがいない。それだけではなく、後述するが、米国内の市民たちが実験による放射能の影響によって子どもに与える牛乳が汚染されていないか、心配しはじめたのだ。そしてそれが米政府を恐れさせた。このような政治的背景が、ＮＣＲＰの性格を規定し、そしてＩＣＲＰをも規定しただろう。原発による核の民事利用をするようになると、民間人の被曝の可能性が考慮されねばならず、基準をあまり低くすると、原発作業員でさえ仕事ができなくなってしまう、換言すれば、被曝なしには原発を稼働させることができないという現実につきあたるのである。そこで被曝しても大丈夫だというレベルを、時と場合によって、つり上げていくことになる。

例えば、前出のイヴ・ルノワールが二〇一一年の記者会見で発表した論考をもとに、ICRP勧告103（二〇〇七年）をみてみよう。

「委員会の歴史過程」の項目でこの委員会の性格をはっきりさせている。その（2）では、前述したように、委員会の一九二八年の成立時が書かれ、（3）において、「この委員会は、独立した慈善民間団体、つまり非営利の組織である。委員会は、姉妹団体であるICRU（国際放射線単位測定委員会）、そしてUNSCEAR、WHO、IAEAとの公的な関係を結んでいる。委員会はまたILO（国際労働機関）、UNEP（国連環境計画）や他の国連諸機関とも重要な関係を結んでいる。委員会はEC（欧州委員会）、OECD／NEA、ISO（国際標準化機構）、IEC（国際電気標準会議）と協力しているし、IRPAとの密接な関係によって職業的放射線学の共同体とも連絡を保持している……」。

この説明書きによっても、この民間団体がいかに放射能防護に関して、れっきとした公式の立場にいるかが解るのである。しかし、いざ、この組織の独立性がどこまであるかという点になると疑問が生じてくる。

この最後に出てくる国際放射線防護協会は、CEPNの中に居候している形になっており、CEPNは、パリ郊外フォントネイ＝オー＝ローズ市の仏原子力庁本部内に居候しているのだ。

この勧告103を制作するために、任命された委員たちは八年間、議論と意見交換をして仕事をしてきた。このメンバーの人事的な問題を見ても、様々なことが理解できる。

（二〇〇一年から二〇〇五年の人事）

R・H・クラーク（委員長）：NRPB（イギリスの放射線防護局）前局長、UNSCEAR委員

A・J・ゴンサレス：アルゼンチン原子力規制委員会委員長、IAEA原子力安全部部長

佐々木康人：UNSCEAR、二〇〇一―二〇〇三年：副会長、二〇〇四―二〇〇五年：会長

R・M・アレクサッキン：ロシア農業放射線学、農業生態学研究所、IAEA委員

L－E ホルム（副委員長）：スウェーデン放射線防護研究所所員、二〇〇五―二〇〇九年：ICRP委員長、UNSCEAR、一九九九―二〇〇〇年：副委員長、二〇〇一―二〇〇三年：委員長

C・ストレッファー：二〇〇六年UNSCEAR報告者

J・D・ボイスJr.：国際疫学研究所、UNSCEAR委員、IAEA委員、国連

F・A・メットラーJr.：保健科学センター、A・グスコヴァ[20]と一緒に、IAEAの報告書を書く

A・スジエ（二〇〇三―二〇〇五年）：仏原子力庁計画部部長、IRSN所長顧問

Z・Q・パン：UNSCEAR中国代表委員

以上、委員はまだいるが、これだけ挙げれば、充分だろう。この委員リストの経歴を見れば、みな、出自は、放射線学界にいる専門家たちであり、自国の原子力ムラの委員と国際原子力ロビーの諸機関の委員のポストをたらい回しにしているわけだ。利益相反する組織間でのこうした人

事自体が原子力利益共同体の補強であり、独立性を保てるわけがない。当然、国際原子力ロビーから独立して客観的な情報を出しているなどとは到底思えないのである。勧告103のアネックスを書いた委員たちには、例えば、ベルギーのUNSCEAR委員で、一九八七―八八年は報告者、八九―九〇年は副委員長、九一―九二年は委員長を務めたJ・R・メッサンがいるし、ブラジル人J・リップステインもメッサンと同じような経歴の持ち主である。すでに亡くなったが、フランスのアンリ・ジャメは仏原子力庁の放射線防護局長だったが、UNSCEARとICRP委員だったし、フランスの最初の放射線防護局の創設者で局長を務め、チェルノブイリの放射能雲はフランスには来なかったとのたまわったP・ペルラン教授は、ICRP委員で、WHOの専門委員だった。

現在、ICRPには、比較的若い女性委員が入り込み、イメージ・チェンジを図っている。主委員会に入ったロスアトム（Rosatom＝ロシア連邦原子力企業ロスアトム）のアドヴァイザー、放射線生物学のロシア人、ナタリア・シャンダラ博士と、第三委員会委員として二〇〇一年から活動し、現在、ICRP委員長の席に着いているイギリスのクリアー・クザンス博士である。しかし、驚いたことに副委員長席には、いつものヴェテラン、アベル・フリオ・ゴンサレスがいる。彼は一

＊20　Angelina Guskova：アンジェリナ・グスコヴァは、モスクワ科学アカデミーの会員でレーニン賞を受けた放射線生物学者だが、IAEAの合意の元に、チェルノブイリの影響評価を低く見積もり、多くの症状は、放射能恐怖症とストレスが原因だとした。

九七八年ICRP第四委員会の委員長になって以来、実に三五年間も、この国際原子力ロビーの様々な機関で牛耳っていることになる。この人は、『真実はどこに?』でもおなじみだ。UNSCEARの代表理事であり、アルゼンチンの原子力当局の顧問だが、IAEAの理事だったし、また現在でもICRP委員でもあり、UNSCEAR科学委員でもあるといった具合である。国際原子力ロビーの大ボスといってもいいだろう。原子力関連国際機関の委員はおおよそ、共通して複数の役職を持っている。利害が相反しても意に介さないようだ。

福島の事故後、日本内外でも名が知られた山下俊一教授は、WHOと国際ガン研究機構およびそのチェルノブイリ健康リサーチ・プログラムARCH[*21]の外部アドヴァイザーであり、ICRPのタスク・グループ84の委員であり、また二〇一一年の福島国際専門家会議の組織委員を務めている。また、二〇〇四―二〇〇六年までWHOに籍を置いた山下教授は、同組織の肩書きで二〇〇六年チェルノブイリ・フォーラムによるチェルノブイリ報告の執筆者のひとりである。いわば、国連関連の放射線防護の最も高い地位にいる人物として、日本政府や県当局から崇められている(?・)のだ。

唯一、対抗する欧州放射線リスク委員会ECRR

こうしたICRPによる放射線科学独裁体制の下で、放射線被曝の犠牲者隠蔽が行なわれていることに対抗しようと立ち上がった唯一の独立系の科学者の組織が、ECRR(欧州放射線リスク委員会）である。一九九七年にブリュッセルで行なわれた欧州緑の党会議のおりに創設が決議された。アリス・スチェワート（二〇〇二年没）、インゲ・シュミット＝ファイエルハーケ、クリストファー・バスビー、ローザリー・バーテル[*22]、アレクセイ・ヤブロコフ、澤田昭二など、内部被曝問題に詳しい独立系の錚々たる科学者たちが集まっている。アリス・スチェワートは、胎児にX線を被曝させると、生後一〇年以内にガンになる確率が二倍も高くなることを発見し、低線量被曝の危険を早くから訴えてきた。それが今日では、事実上、彼女の訴えが認知され、妊婦や乳児期の医療には極力、X線を控える医療方針に切り替わる理由となった。

二〇〇九年五月五―六日に、ギリシャのレスボス島で「放射線リスクのアセスメントの批判と発展」と題する国際会議を開催し、レスボス宣言を採択して終了した。これは、ある意味で、放射線防護に関するＩＣＲＰへの宣戦布告とも受け止められるものである。内部被曝や核の歴史の専門家である矢崎克馬琉球大名誉教授は、このような内部被曝隠しを「知られざる核戦争」と命名する。「日本においても医学、保健学、原子力工学、等のあらゆる教育課程の基礎にＩＣＲＰがあり、関連する専門家がＩＣＲＰで教育され、研究もＩＣＲＰで展開されます。国際的原子力

＊21　http://arch.iarc.fr/
＊22　ロザリー・バーテル　一九二九―二〇一二年。アメリカの癌専門医。環境と健康について研究、低線量被曝問題を集大成した大著『直ちに危険はない？』（*No Immediate Danger? Prognosis for a Radioactive Earth*, The Women's Press Limited, London, 1985）は非常に有名。

ムラが完成しているのです」と。

こうして、権力に批判的な科学者でさえ、教育課程の中では、すべてICRP基準で教育されてきたゆえに、新たな視点で放射線の問題を考えること自体が非常に困難なのである。ひとつの科学分野の基準が一つだけあり、それがこのように世界中を支配しているというのは、放射線学以外にあるだろうか。

ICRPモデルで放射線防護を主張するほぼすべての人たちに共通しているのは、腫瘍性の病気だけが問題であり、それ以外は放射能と関係ない、腫瘍性の病気は［年間］一〇〇ミリシーベルト以下では発生するリスクは極めて小さい、というものだ。ところがICRPモデルでは、現実にチェルノブイリの死亡者数を推定できなかったし、現実に表れている疾病の数々の理由を説明できない。

IAEAとはなにか ―IAEA―WHO――ICRP―UNSCEARによる支配体制

IAEAを原子力の平和利用のために尽力している素晴らしい国際機関と、一般の人は考えてしまいがちだが、原発をなくしたいなら、この機関こそ、もう一度批判的な目で見直し、原子力に未来がないとするなら、解体・改編されるべき最初の国連機関というべきではないだろうか。

原発は止まってもすべての原発を安全に廃炉にするためのノウハウが必要な故に、改編して、廃炉になった原発と使用済み核燃料の安全管理をする機関になるべきだろう。だが、この機関の存続は原水爆を持っている核保有国の意志に左右される。

ＩＡＥＡ設立の経緯

一九四五年のトルーマン大統領の原子力という〈革新的な〉エネルギーに対する信仰表明、トルーマンの決定による広島・長崎原爆投下の後、ついで一九五三年のアンゼンハワー大統領による「平和のための原子力《アトム・フォー・ピース》」という国連演説は、翌年一九五四年一二月四日の国連総会で、「原子力の平和利用」を満場一致で可決するに至る。一九五五年四月にワシントンで、国際機関制定案の作成作業が八カ国（オーストラリア、ベルギー、カナダ、フランス、ポルトガル、南アフリカ連邦、英国及び米国）で進められた。だが、それらは、アメリカが、自国の核武装を国際世論のなかで、なんとか正当化しようという途方もない企みのための策略だったのだ。

ＩＡＥＡは、一九四六年にＷＨＯが誕生した後の一九五七年に設立された。当時、冷戦のまっただ中で、ソ連、アメリカともに核戦争を本気で準備しつつあった。広島、長崎原爆投下に反対だったアイゼンハワーは、核実験に積極的だった。アメリカは、太平洋マーシャル列島ビキニ環礁で核実験一九四六年から開始し、六七回の核実験を行なった。とりわけ、一九五四年三月一日の水爆実験、キャッスル作戦では、第五福竜丸を含め、数百から数千の漁船が被爆し、ロンゲラップ環礁でも死の灰が大量に降り注いだことは前述したとおりである。

一九五一年、洋上での核実験は費用がかかることから、トルーマン大統領の提案で自国ネバダ州のネバダ砂漠でも核実験を九二八回も遂行し、核戦争の地上戦に備え、多くの兵士を動員してモルモットのように使い、その人体的影響を観察した。ソ連も一九四九年からカザフスタンのセミパラチンスク実験場で四五六回の実験を行ない、前者も後者も放射能の影響で多くのガン死亡者、信じがたい奇形児の死産などが数多く確認されている。こうして、最強の原爆、水爆開発に必死になっていたアメリカ合州国では、ネバダでの核実験で、放射能汚染を心配する市民たちの声が拡散しはじめていた。西部から南東部に吹く風の影響で、米国の中央部を汚染させた。それゆえ、自国の核政策には影響されない形で、原子力の世界的〈安全〉管理をする方途を探していた。こうした背景の下に、アメリカ主導で設立されたのが、IAEAなのである。

三年後の一九五六年一〇月二三日、国連総会でIAEAの定款を八一カ国が認め、原子力技術の安全と適用を監督し、放射線防護とその原子力技術の移転を監督するものとした。一九五七年七月二九日に憲章が批准され、正式に発足した。第二条にはこう書かれてある。「機関は、全世界における平和、保健及び繁栄に対する原子力の貢献を促進し、及び増大するように努力しなければならない」。ここで言われている保健という意味は、X線やアイソトープなどによる放射線医療の導入を促進するということだろう。それゆえ、放射線治療の専門家たちは、おおよそ、原子力推進派と考えを同じくする人々が大半だ。

ところで、その政治的な背景には、両国は原爆実験から水爆実験へとエスカレートしていく中で、米国が主導権を何とか握りたい、という狙いが明らかにあった。つまり、科学技術的な組織というよりは、政治的に原子力を支配しようとする組織に他ならないのだ。安保理の核保有国五カ国と、米国の意思次第で、彼らの判断や選択肢は変わってくるのだ。それがイラン問題でいっそう明らかになった。ＩＡＥＡ憲章の第二条には、続いて、「機関は、できる限り、機関がみずから提供し、その要請により提供され、又はその監督下もしくは管理下において提供された援助がいずれかの軍事的目的を助長するような方法で利用されないことを確保しなければならない」と明記されている。要するに、軍事への転用を防ぎながら、民事利用の原子力を推進するための機関なのである。

ＩＡＥＡの設立に当たって、準備段階でたしかに多数の国が議論に参加したが、こうした背景は多くの非核保有国には解らなかった。ＩＡＥＡの保障措置＝核不拡散条約（ＮＰＴ）によって、あたかも、世界繁栄のために原子力を推進し、核兵器はＮＰＴによって管理する、という図式は、現在の核保有国の現状をそのまま認め、他の国の核保有を認めない不平等条約であることには間違いない。ＩＡＥＡ憲章で、どのように「原子力の平和利用、健康と繁栄に貢献することを加速かつ拡大することにあり、また保証するものである」ことを謳っても、すべての核兵器の廃絶が実現出来ないＩＡＥＡという組織は、単に、非核保有国の囲い込みを目指していると批判されても反論できないのである。

とまれ、ＩＡＥＡの四つの事業分野を記しておく。（１）加盟国の技術援助（２）原子力分野での安全対策（3）原子力が軍事目的に使用されないための保障措置（NPT）の実施（4）前述の活動を通じて一般公衆が原子力を理解する基礎作り、である。本部組織として技術協力局、原子力安全局、原子エネルギー局、管理局、研究・アイソトープ局および保障措置局に分かれて作業をしている。こうした活動内容から、福島での活動拠点ができることによって、日本が何らかの恩恵を被るとしたら、（1）と（2）であろうが、保健衛生問題に全く権能のない組織が、被曝者の健康問題まで、口を挟もうとしているのだ。

IAEAとチェルノブイリ

IAEAは、一九九〇―九一年にチェルノブイリ・プロジェクトを行ない、二〇〇五年九月六―七日にチェルノブイリ・フォーラムを組織して、IAEA、WHO、PNUD（国連開発計画）の連名で、六〇〇頁におよぶ報告書を出している。これによると、犠牲者は、たった五〇人の事故処理作業員、九人の甲状腺がんで亡くなった子ども、甲状腺がんを発病した子どもたち四〇〇〇人を数えているだけだ。事故後三〇年間のガンによる推定死亡者数は九〇〇〇人と、WHOは二〇〇六年に犠牲者数をあらためて発表した。二〇〇五年の報告書作成に参加した編集者の一人で、WHO職員、当時若かったカザフスタン出身の放射線専門家、ジャナット・カーは、五〇〇〇人の犠牲者を、あの時、政治的判断でわざと外したのだということを、『ニュー・サイエンティスト』誌で、告白している。この人が八年後の今日、二〇一三年二月末の福島学術会議にやってきた。

ニューヨーク科学アカデミーが採用し、毒物学の専門家ジャネット・シャーマン博士が編集して刊行されたアレクセイ・ヤブロコフ、ワシーリ・ネステレンコ、アレクセイ・ネステレンコ共著の『チェルノブイリ：大惨事の人と環境に与える影響』[*23]報告では、ほぼ九八万五〇〇〇人の犠牲者数を算出しており、それは、チェルノブイリ、ヨーロッパ、全世界を含めた推計値である。IAEAがすでに英訳された文献資料を三五〇点だけ扱ったのに対し、ヤブロコフ博士らは、ウクライナ語、ロシア語などの文献を五〇〇〇点以上、当たったものであり、現場にいた医師、科学者、疫学者などの報告を元にしている。そこに歴然とした差異が表れているとしても不思議ではないだろう。

前述した覚書をてこに、チェルノブイリの事故後の影響について、WHOにはほとんど口を出させず、チェルノブイリ・フォーラムを主催して、事故の影響を過小評価してきた。たとえば、一九九〇―九一年のロシアの要請に基づく最初のIAEA調査〈チェルノブイリ・プロジェクト〉に団長として参加した重松逸造、またチェルノブイリ・フォーラムに参加した長瀧重信の評価などを読むと、唖然するしかない。首相官邸サイトには、長瀧重信と佐々木康人の連名でチェルノブイリの死亡者数が書かれているが、それによると、死亡者は四七人だけで、六〇〇〇人が甲状腺ガンの手術を受けたが、亡くなったのは一五人だけ、結局六二名という報告である（**資料1**）。

＊23　星川淳監訳『調査報告　チェルノブイリ被害の全貌』として、二〇一三年四月、岩波書店から刊行された。

ＩＡＥＡとＷＨＯのチェルノブイリ・フォーラム二〇〇五年の報告では、事故時点での死亡者は事故処理作業員五〇人、二〇年経過時で四〇〇〇人死亡、二〇〇六年の発表では、二〇五六年までに九〇〇〇人という報告を出している。京都大学・今中哲二教授の推計では、一〇—四〇万人、二〇〇一年、ウクライナとロシア連邦が発表した公式データでは、事故処理作業員（事故処理作業員八〇万人のうち、ロシア人作業員一八万四〇〇〇人という）のうち、一〇パーセントがすで死亡し、三〇パーセントが障害者だと言っている事実と比べても、あまりにも隔たっているではないか。そしてベラルーシの二〇〇万の農民と二五万の子どもたちは何でもないと主張する気なのだろうか。被曝を受けたと考えられるチェルノブイリ周辺三国の汚染地帯に当初四ヶ月住んでいた住民数は四億人、いまだに一五〇〇万人が四万ベクレル／㎡以上の地域に住んでいるのだ。

政府に委任を受けた科学者が明らかに嘘だとわかる数字を、政府の最高責任者のサイトに掲載するというのは、犯罪的行為の何ものでもないだろう。

いずれにせよ、ＩＡＥＡの評価が著しく少なく見積もられていることは明らかだ。原子力の推進機関が過小評価する傾向を逆転するのは難しい。評価する側と評価される側が同一組織では、公正な判断を期待できない。

前出の重松逸造は、一九九〇年にＩＡＥＡが設置した国際諮問委員会の委員長になり、国際チェルノブイリ・プロジェクトを実施し、翌年、ウィーンのＩＡＥＡ本部で行なわれた報告会で、汚染地帯の住民の放射能による影響は認められない、と公言した。原爆被曝者追跡調査の責任者でもあったこの医者があたかも報告書の信頼性に担保を与えた形になっているが、現地では批判が高まった。この報告書がベースとなって、国際原子力ロビーによる被曝影響の無化と記憶の否認のために、あらゆる方策を講じられているのである。

また長瀧重信は、一九九〇年八月から翌年五月までの笹川記念保健協力財団がプロジェクト資金を出して、財政面で大きく貢献した前出の国際チェルノブイリ・プロジェクトに参加し、委員長を務めている。その弟子に当たる山下俊一も同様にこのプロジェクト、その後のフォーラムに参加しているのだ。二人とも、チェルノブイリ笹川協力委員会の専門家メンバーである。

現地では、広島、長崎から日本の研究者が来て報告を出すということで期待していたが、結果は、「放射能に関する健康への悪影響についての報告は確証されなかった」、「検査を受けた子どもたちは完全に健康であった」、「事故以降の白血病および甲状腺ガンの数は、はっきりと上昇してはいない。（……）あるのは、そのようなガンに関する噂だけである」などの否定的な報告をした。そのため、甲状腺ガンが目立って増加した時期の現地では、非常に評判を悪くしたという。

この責任は、米国のフレッド・メットラー・ニューメキシコ大学名誉教授によるものが大きい。この人物は、UNSCEARの米国代表であり、ICRP主委員会委員である。彼は、チェルノブイリの事故後の熱い時期に起こった疾病のほとんどを、放射能とは関係ないとして、切り捨てている。しかし、彼は子どもたちの甲状腺の組織標本を見ていたはずなのである。これははっきり言って真実の改竄である。彼は渋々認めざるを得ない甲状腺ガンについては認めるが、悪性腫瘍系ではない様々な疾患については、放射能との関係はすべて無関係にしようとしている。放射能の影響はガンだけではない。むしろ、ガン以外の疾患が多いのだ。内分泌系、栄養障害と代謝疾患、免疫疾患、血液と造血組織、神経・感覚器、循環器系、呼吸器、消化器、泌尿器・生殖器、皮膚・皮下組織、筋肉・骨格・結合組織の病気や精神疾患もある。[*24]

フレッド・メトラーは、二〇一一年九月の福島専門家会議にも出席していた。この会議にも日本財団[*25]（旧笹川財団）が資金を拠出している。この専門家会議でも米国国際疫学研究所のジョン・D・ボイスは、「チェルノブイリ原発事故と違い、福島の原発年数の放射線量では、小児甲状腺がんなどの健康被害のリスクはない」と発表しているのだ。やっていることは、チェルノブイリと全く同じことの繰り返しである。

国際原子力ロビーの一翼／日本の原子力ロビー

日本の原子力推進体制を見るならば、電力会社は民間企業であり、核武装をしているフランスとは異なるとはいえ、核武装をしたい自民党政権が戦後、ずっと続いてきた日本政府は、やはり国策として、原子力推進体制を敷いてきたのは、事実であろう。最初に核政策を提案して原子力予算を計上させたのは、自民党であり、いみじくもほぼ第五福竜丸事件と時を同じくするときに、未来の首相中曽根康弘が原爆開発の予算を国会に計上し、あっけなく通過した歴史的事実を忘れてはいけない。日本の自民党政権は、戦後、一貫して核武装、ないし核武装の技術的能力を維持することを目指してきており、高速増殖炉は、フランスの場合もそうだったが、核兵器の素材となるプルトニウム抽出を目指したものであることには疑いない。そうして見ると、一環して核の民事利用も軍事利用も同じコインの裏と表なのだということが分かる。こうして陰で核武装を目指しながら、表向きには、積極的にＩＡＥＡに加盟し、ＩＡＥＡ体制に加担してきたのは、他ならぬ日本政府自身であるし、政府側から見れば、推進派の科学者と密な関係を持っていること自体は、驚くことでも不思議でもなく、しごく当然のことだといえるだろう。

一九五六年に発足する日本原子力研究所（原研）は、米国のアルゴンヌ国立研究所に留学した留学生たちが、この研究所の中核として、活躍することになる。原研の初代理事長は、安川財閥の五男、安川第五郎が就任するが、彼はその後、日本原子力発電社長、九州電力会長を歴任する。

＊24 セバスティアン・プフルークバイル「チェルノブイリ・ドイツ・フクシマ　真実を見極める」（二〇一一年一〇月日本での講演）

＊25 よく国際交流基金ジャパン・ファウンデーションと勘違いされるが、この財団は元笹川財団と言って、戦後のＡ級戦犯で右翼活動家、出所後、さまざまな競艇の収益金で造船の振興を進めた日本船舶振興会を創設した笹川良一が設立した財団で、ノーベル平和賞をもらいたかった笹川は平和運動に力を入れ、笹川平和財団と別組織を作っている。東京財団も日本財団の一組織である。代々の保守政権と結びつきが強く、政権との陰微な関係が指摘されている。イラク戦争の際、自衛隊を参戦させたい小泉前首相に、日本財団の子財団といえる東京財団の研究員佐々木良昭の仲介で、イラク民主潮流の政治家リカービを引き合わせ、あたかもイラク民衆が自衛隊が来るのを期待しているといったメディア操作を行なうのに寄与した。リカービ招待の経費は日本財団から支払われた。

一九八六―一九九二年理事長だった伊原義徳は科学技術系の官僚で退職先に原研理事長、日本原子力学会会長などを務め、二〇〇四―二〇〇五年、理事長を務めた岡崎俊雄も同じ系譜で、科学技術系の官僚（原子力局長、科学審議官、事務次官など）で、退職後の天下り先に原研があり、原研が日本原子力研究開発機構となってからも、副理事長、理事長となっている。

現在、原子力規制委員会委員長となっている田中俊一は福島市の出身で、原研東海研究所の所長、原子力学会会長、原子力委員会委員長代理を経て、本職となっている。原子力の推進機関に長年勤務して、今度は規制する側の責任者になるという点で、利益相反を指摘されている。

放射線物理学や核物理学など工学系出身者が、政府の科学技術系官僚となり、天下って推進側の機関の長ないしは幹部になるケースは多い。国際原子力学会に関係することもあるが、工学系はほとんど国内の利益共同体の中での異動である。ところが、放射線医学系の出身者は、長崎大学、長崎医科大学、広島大学などの教授から、政府の原子力災害専門家グループの委員や、諮問委員会に名を連ね、彼らがさらに国際原子力ロビーの諸機関の委員になっているケースが目立つ。

原子力災害専門家グループの委員は、

遠藤啓吾：京都医療科学大学学長、群馬大学名誉教授、元（社）日本医学放射線学会理事長
神谷研二[*26]：福島県立医科大学副学長、広島大学原爆放射線医科学研究所長

児玉和紀：（公財）放射線影響研究所主席研究員、原子放射線の影響に関する国連科学委員会（UNSCEAR）国内対応委員会委員長

酒井一夫[*27]：（独）放射線医学総合研究所放射線防護研究センター長、東京大学大学院工学系研究科原子力国際専攻客員教授

佐々木康人：前（独）放射線医学総合研究所理事長、前ICRP主委員会委員、元UNSCEAR議長

長瀧重信：長崎大学名誉教授（元（財）放射線影響研究所理事長、国際被曝医療協会名誉会長）、チェルノブイリ・フォーラム

前川和彦：東京大学名誉教授、（独）放射線医学総合研究所緊急被曝医療ネットワーク会議委員長、放射線事故医療研究会代表幹事）

＊26　この人物は、福島事故があってから、長崎大学の山下俊一、高山昇と共に、二〇一一年四月一日付けで、福島県放射線健康リスク管理アドバイザーに福島県知事から委嘱され、その後、福島医科大学に招聘された。二〇〇〇―〇三年にかけて、放射性物質使用量を改竄して申告し、大学から訓告処分を受けた。チェルノブイリで被曝した妊婦が生んだ乳児に被曝の影響が見られなかったとか、「健康に影響はない程度。心配だろうが母乳を与えても問題ない。毎時一五五七・五マイクロシーベルトという放射線量自体は、測定地点にいても、健康障害を引き起こすほどではないだろう」などの表明を行なったために、広瀬隆、明石昇一郎から訴訟を起こされている。

＊27　この人物の発言として「学問的には決着がついていないが、ICRPの基準を使うことは適切」というものがある。

山下俊一　福島県立医科大学副学長、長崎大学大学院医歯薬学総合研究科教授、ＩＣＲＰ委員

チェルノブイリ・フォーラム

となっている。

内閣府の低線量被曝問題のワーキング・グループには、遠藤と佐々木を除く上記の委員すべてがそのまま、委員となっている。このグループには、神谷研二、近藤俊介、丹羽太貫、高橋和之が加わっている。大半が低線量被曝は科学が証明できないと主張している委員で構成されている委員会が、どうして本当に低線量被曝問題を討議できるのだろうか。座長はその最たる長瀧重信である。

ＩＣＲＰには、現時点で登録されている日本人は委員会に八名、タスク・グループに、九名参加している。甲斐倫明[*28]：大分看護大学（第四委員会）、本間俊充：日本原子力委員会（第四委員会）、中村典：放影研（第一委員会）、佐々木道也：原子力技術研究所・放射線安全研究センター・日本原子力学会（事務局補佐）、丹羽太貫：京大名誉教授（主委員会）、遠藤章：日本原子力研究機構（第二委員会）、石榑信人（第二委員会）、酒井一夫（第五委員会）、米倉義晴：放射線医学総合研究所理事長（第三委員会）、その他、タスク・グループに参加している佐藤達彦：日本原子力研究開発機構（ＪＡＥＡ）、梅木博之：日本原子力研究開発機構、保田浩志：放射線医学総合研究所、明石真言：放射線医学総合研究所理事、久住静代：旧原子力安全委員会、山下俊一、辻井博彦：放射

線医学総合研究所、立崎英夫：放射線医学総合研究所、中村尚司：東北大、など諸氏が、ＩＣＲＰに関与している。つまり、そのうちの四名は、タスク・グループではあるが、推進側のＪＡＥＡから来た人たちなのだ。

現在、日本の放射能防護関連でもっとも幅を利かせている人物は、長崎大学名誉教授、長瀧重信だろう。ＩＣＲＰ主委員会の委員でもある。東大医学部卒で、東京大学付属病院外来診療所医長をへて長崎大学医学部教授となった。しかも甲状腺の専門家である。そしてその時期に被ばく者の治療や調査を行ったので、一般には被曝者の専門家と見なされている。この人は、ＩＣＲＰ委員長も務めた日本アイソトープ専務理事、佐々木康人と首相官邸に事実を改竄した文章を載せている人である。ＡＢＣＣの都筑正男教授の後任となり、放射能影響研究所の理事長になった重松逸造の弟子的存在だったが、重松が亡くなったので、今は彼が大御所である。彼も放射能影響研究所理事長になった。長瀧重信は山下俊一を伴って、チェルノブイリ・フォーラムに参加している。そして、日本財団とたいへん近しい。ロシアの「御用」科学者レオニード・イリーンの著作『チェルノブイリ　虚為と真実』を重松と翻訳監修した。イリーンは、内部被曝の科学的根拠を認めない否定主義者であるが、これも体制を維持するための政治的改竄であったかもしれない。

＊28　この人物は「内部被爆のリスクが高いというデータはありません」といった発言をしている。

チェルノブイリの真実が解れば、ソ連の体制が崩壊することを一番恐れたのだ。実際、ソ連はいずれにせよ、崩壊したのだが。

広島の平和記念資料館の放射線に関する展示を検討する専門家会議があって、これに出席している五名の委員のうち、前出の神谷研二、中村典のふたりがいる。

二〇一一年九月に、日本財団の主催で福島で開催された福島国際専門家会議に参加している日本の科学者は、主催者の一人である山下俊一はもちろんのこと、IAEA協働センターの指定を受けている前出の放射線医学総合研究所の明石真言、前川和彦、放影研の児玉和紀、広大放射線医科学研究所の神谷研二、京都名誉教授丹羽太貫、UNSCEAR、ICRP委員酒井一夫、そして、放影研理事長の大久保利晃で、海外からは、前出のボイス、ゴンサレス、ロシャール、そして、ハンス・ゲオルグ・メンツエルなど、みな顔見知りで、要するに、国際原子力ロビーの科学者ばかりが集まった〈友だち会議〉にすぎない。

国際原子力ロビーの核／フランスの原子力ロビー

典型的な例からはじめよう。放射線防護専門家のジャン＝フランソワ・ラクロニックとアンドレ・オーレンゴは、フランスの原子力ロビーに属する人たちであるが、その二人の間の論調は異なっている。後者のアンドレ・オーレンゴはフランス医学アカデミーの会員にも推挙された権威であり、国連科学委員会のフランス代表である。また仏電力公社の運営委員会に国を代表して出席した時もある。おまけに、放射線医学では甲状腺ガン、携帯電話の電波による危険性についての専門家でもあるのだ。そして電離放射線の人体組織への危険に関する専門家なのである。だから、このような権威を持った人物が発言する内容は一定の重さを持つ。

オーレンゴは、二〇〇六年四月一八日、仏厚生連帯省およびエコロジーと持続的発展省の依頼（二〇〇二年）でワーキング・グループの座長を務め、「チェルノブイリ事故のフランスにおける影響についての報告」を編纂している。このワーキング・グループは、表向き、以前の報告よりオープンで、多元主義に基づいてメンバーもジャーナリストやNGOを含んだ形となっている。オーレンゴは、一般的に放射線による害を低く評価し、とくにチェルノブイリについては、低く評価している彼の立場はすでに知られている。彼はこのグループの会合を二〇〇三年に数度、二〇〇四年に一度、二〇〇五年は一度も開かず、そして、他の委員に何の知らせもせず、大臣の合意だけで（実際、大臣たちはこうした事態を黙認している）、勝手に報告書を作って提出しているのだ。実際にそこに参加したジャーナリストは辞表を提出し、アクロ（ACRO）もジャーナリストとともに抗議文を出した。だが、仏電力公社の運営委員やブイグ・テレコム（携帯電話のオペレータで、大建設会社が親会社）の科学顧問を兼任している彼の職業的態度は、しばしば批判の対象となっている。フランスにおいては、携帯電話の増幅アンテナや高圧電線問題で、審判と審判される者を同時に兼ねている彼の立場が、二〇〇八年三月一一日、「カナール・アンシェネ」紙や、同年三月一八日、「ル・パリジャン」紙上で、すっぱ抜かれ、批判されてきた。オーレンゴは、医学アカデミーの名において声明を出し、高圧電線の電磁場の弊害を憂慮した科学者たちを批判していたが、それは、彼一人であって、他のアカデミー会員の同意を経ていないものであった。一事が万事、オーレンゴという人物は、政治的駆け引き＝利権共同体の利益を守るためにのみ、奔走しているのである。この人が同じように、国際原子力ロビーで、まったく同じ行動をとっても不思議ではない。

しかし、UNSCEARのメンバーがアンドレ・オーレンゴのような立ち振る舞いをし、最初から偏見の目で論考を見下している態度をとっているような事態が常套であるなら、とても客観的な判断がされているとは思えないのである。つまり、UNSCEARは、ある特定の視点から選定できる、しかもすでに欧米の査読を行なっている科学、医学雑誌に掲載された記事のみを集めるのだ。だから、チェルノブイリのような事故の場合、現地の病院すべてに当たって、生データを収集すべきであるのに、それをやらない。しかも論考や資料の選択は恣意的である。

オーレンゴ以外に、特筆するとすれば、ジャック・ロシャール（CEPN所長、ICRP第四委員会委員長）、そのロシャールに自分のICRP第四委員会委員長の座を譲ったアニー・スジエ（元CEA企画部長、元IRSN所長顧問、元ICRP第四委員会委員長）である。前者については、第二章で詳細に述べるが、スジエについてもう少し詳しく述べておく。アニー・スジエは、女性の人権国際連盟の会長も務めるフェミニストと紹介されることもあるが、この人は社会党員で、放射線防護の世界ひとすじで仕事をしてきた人で、推進派であるCEAからIRSNそしてICRP

を渡り歩いてきた人物である。推進する側から規制する側に渡り歩いても、彼女には別に矛盾はないのである。たとえ、経済学者で仏原子力ロビーの意思表明であるようなＣＥＰＮのアドヴァイザーとなり、その所長ジャック・ロシャールをＩＣＲＰ第四委員会委員長の後継者に推薦したとしても。あるいは、元コジェマ社（Cogema＝アレヴァ社の前身）代表だったジャン・シロタ。この人は、電話通信局の官僚を務めた後、エネルギー資源庁の長官を務め、ついで、コジェマ社社長となった。同時に国のエネルギー政策を決めるエネルギー諮問委員会の委員長を務めた。原子力の推進側であるコジェマ社社長を務めながら、エネルギー資源問題を包括的に検討する委員会の長をしていたわけであるから、フランスでますます原子力が盛んになっても不思議ではない。

さて、フランスの原子力ロビーは、〈国家の中の国家〉と言われるほど、頑強な組織である。フランス核燃料公社コジェマは、独立した国営企業だったが、一九八三年に、三つの原子力産業グループ（Cogema, Framatome, Technicatome）を中心に構成されているCEA Industrie（原子力庁の産業部門）に統合された。その後、二〇〇一年に、原子力庁は、CEA Industrieを、アレヴァ（AREVA）と改名、その後、二社、原発製造会社フラマトム Framatome ANP（この会社は、Schneider［ドイツの総合電気メーカー。専門分野の電気配線などにも優れている］、Merlin Gerin［高圧電源のスイッチを開発したフランスの会社。シュナイダーに吸収された］、Westinghouse［アメリカの電機関連会社で、日立と同じように原発関連メーカー。今では東芝に株を買収された］の三社を合弁した会社）とＦＣＩ（Framatome Connectors International フラマトムの子会社で原発の電気回路を開発する会社）を編入して、アレヴァ・

グループ（AREVA Groupe）となった。今日では世界でも最強の原子力産業グループとなっており、世界中に多国籍化したアレヴァ関連会社がある。二〇一一年度の年商額は八八億七二〇〇万ユーロで、四万八〇〇〇人が勤務する。株のほぼ七三パーセントはＣＥＡ（仏原子力庁）が所有している、民営化されたと言っても国策企業であることはちがいない。

ＣＥＡの原子力委員会の中には、環境省のエネルギー・天候局長、防衛省官房、経済省、外務省の官房もいれば、原子力安全局の代表もいる。ＥＤＦ、アレヴァ、ＩＲＳＮの代表者たちが顔を並べている。そして彼らが創設したＮＧＯがすでに述べたＣＥＰＮである。こうみると、フランスはすべてのアクターが原子力ムラを構成しているのである。国策として原子力推進をやっているのだから、規制する側も、放射線防護も、安全局も、規制される側ＥＤＦ、ＣＥＡ、アレヴァも、みな〈友だち〉なのだ。それゆえ、どの組織をとっても完全に独立しているなどということはあり得ない。

そして、これらの組織が、世界の原子力ロビーと結びついているから厄介なのである。とりわけ、際立っているのは、〈エートス〉、〈コール〉両プロジェクトに（功績を立てた）ジャック・ロシャールの福島での活躍ぶりである。前述したように、彼は国際原子力ロビーの要の役割を果たしている。フランスでは様々な組織に分け入り、国際的にはＩＣＲＰを通じ、まちがいなくＩＡＥＡとも調整しているだろう。福島ではまさに、〈コール・プロジェクト〉の延長を行ないつつあるからである。この人物は、ベラルーシでは、ＣＥＰＮの帽子をかぶっていたが、日本ではもっぱら、ＩＣＲＰ第四委員会委員長の帽子をかぶっている。日本ではこれがことごとく、権威になってしまっているからだ。ＩＣＲＰ以外に、今のところ国際的権威はないのだから、これを日本政府も原子力ロビーも全て絶対的価値と見なして、水戸黄門の印籠のように使っている。ＩＣＲＰはあたかも、放射線医学の専門家達の集団で、原子力推進派とは無縁の組織のように見えるから、ロシャールは、ＩＣＲＰ委員として、日本では登場するのである。

ＩＡＥＡの金縛りにあっているＷＨＯとは？

たしかに、一九五九年の覚書は、ＷＨＯを拘束する。しかし、ＩＡＥＡに束縛されているだけではなく、ＩＡＥＡの出す数字を追認しているだけである。これは科学機関のあるまじき姿勢である。しかし、そうさせているのも、国連の構造的な問題があるのだ。安全保障理事会の元にあるＩＡＥＡは、強権を発動できる。ＷＨＯは放射能に関しては手足を縛られた状態なのである。しかし、そうとはいえ、ＩＡＥＡの後ろ盾となって、陰に日向に援護射撃をしているのも、まぎれもなくＷＨＯである。二〇〇五年ＩＡＥＡとＵＮＤＰ（国連開発計画）と連名で、最終的な死亡者を五〇人、としたのも、ＷＨＯである。つまり背後でＩＡＥＡの決定した数字を追認している（させられている）のである。そこには強い政治的圧力が働いていると言っていい。ＷＨＯに長年勤務し、公衆衛生と政治・貧困との関係を研究テーマとしているアリソン・カッツは、ＩＡＥＡがずさんな似非科学を普及させ、「この似非科学を、ＩＡＥＡに忠実なＷＨＯが再生、拡散させている」[29]と糾弾している。

ＩＡＥＡと福島

ＩＡＥＡが福島に来たのは、むろん今回が初めてではない。二〇一一年五月二四日から六月一日まで、専門家チームが事実調査を行い、暫定報告を出している。一〇月には除染チームがすでに入っているし、一一月一一—一二日に行なわれた福島国際専門家会議が福島医科大学で催された時に、すでに代表者を送り込んでいる。また二〇一二年一月にも調査団を派遣している。

二〇〇九年、当時の外務官僚・天野之弥[30]がＩＡＥＡ事務局長に就任。その後のロードマップは想定されていたことだろう。二〇一一年一二月のダボス会議の折りに、日本政府がＩＡＥＡに、福島に事務所を設置するよう依頼したということになっている。そして、二〇一二年八月に佐藤雄平知事以下、福島県代表団が欧州を回り、とりわけ、ウィーンで、「ＩＡＥＡ訪問では、天野事務局長と会談をし、福島県をＩＡＥＡの国際的な活動拠点として、県や医科大学と除染や健康管理の分野において、共同研究プロジェクトを実施することで合意してきた」というのである。天野は、再任時期に、事務局長の他候補はなく、自動的に再任された。福島事故の処理を天野以外は、誰もしたくなかったからではないだろうか。

彼らにしてみれば、当然だ。大半の行政や政治家たちが、今日まで、原子力に関する知見とノウハウを備えた最高度の国際機関だと一〇〇パーセント信頼し、支援をお願いしたいわけだから、この組織に疑念を抱くことさえ、彼らにとってみればおかしいことになる。だから、今回の覚書の内容について、福島県議会で、大した討論が行なわれなかったとしても、頼る相手は、ＩＡＥＡしかないのだから、批判的な視点からＩＡＥＡを再考するなどという回路そのものがないのだ。

だが、少しでもチェルノブイリで犠牲になった国の実情と、ＩＡＥＡが行なったチェルノブイリ・フォーラムによる報告の落差を検証するならば、あるいは、死者が五〇人と主張するＩＡＥＡと、ヤブロコフやネステレンコが主張し、ニューヨーク科学アカデミーが採用した死者九八万五〇〇〇人という推定値との差異を綿密に検証するならば、ＩＡＥＡ報告が万人も認める客観的な情報を提出しているなどとは、とても言えないのである。そこにこそ、日本の行政や官僚、また政治家の無知と認識の低さが指摘されねばならない。

このような無批判な態度こそ、保守政党と仲のいい、テレビタレントでジャーナリストの櫻井よしこが、これらの組織の勧告や評価を鵜呑みにし、完全に正しいとした上で、福島県民や子どもに年間二〇ミリシーベルトを強制するにいたる破廉恥な言説がまかり通ることになるのだ。二

＊29 アリソン・ロザモンド・カッツ（Alison Rosamund Katz）「チェルノブイリの健康被害——国際原子力ムラの似非科学vs独立系科学」『日本の科学者』Vol.48、二〇一三年、日本科学者会議。

＊30 天野はウィキリークの暴露で、外交文書で「重要な決定で常に米国側に立つ」と表明した、とされる。朝日新聞の取材で、それを否定していない。日本の外務官僚の大半が日米同盟固守の立場である以上、まったく不思議ではない。

○ミリシーベルトを子どもに押しつけるのは非道であり、二〇〇人に一人の割合でガンになるリスクを発生させ、もし二年間に渡ってこの線量を被曝させるなら、リスクは一〇〇人に一人であると、はっきり言明した「社会的責任を負う医師団」[*31]と、何という落差だろう。
広島、長崎、ビキニ（第五福竜丸事件）を体験して計り知れない苦渋をなめたはずの日本が、敵の提案する評価基準を受入れ、なおかつ政権はそれが正しいと国民に押しつけること自体が倒錯したことであり、真実に対する裏切り行為なのだということを知るべきなのである。そしてこの裏切り行為に積極的に参加している日本の専門家の何と多いことか。

福島県や国は、復興だ復興だと騒ぐが、――たしかに県の住民の日常生活がスムーズに行くよう、最大の措置を取ることは最低、必要限度のことではあるとしても――しかし、福島第一原発周辺に関しては、復興を騒ぎ立てる前に、まず事故の検証をきちんとすべきであり、放射能汚染のリスクがどのくらいあるかということを、予防原則を貫く原理を明確にした上で、対策を練るべきであったし、今もそうすべきなのではないだろうか。避難すべき地域は避難させ、遺留可能な地域に関しては、復興していくという、いわば事後の対処の仕方としては、当然すぎる単純なこうした展望さえも見えてこないのである。国はまずそろばんを弾いているのだ。生命をコスト換算にしている。そこから全ての躓きが生じている。そのうえ、放射能の健康影響に関して情報公開せず、予防原則は取らず、という態度は、こうしたコスト／ベネフィット論の立場に由来しているのである。しかもそのそろばん弾きの正確さも、定かだと言えるだろうか。

ＩＣＲＰは今までリスク／ベネフィット論で、多くの問題をかわそうとしてきたが、スリーマイルやチェルノブイリで、リスクがかわせないと分かると、今度はリスクを分母にするのを止めて、完全に経済理論に打ち込んでいるのだ。つまりコスト／ベネフィット論である。線量の最適化ではなく、コストの最適化をすること、つまりいかに効率よく最も経済的な方法を考えることが今の最上のあり方とするのが、ジャック・ロシャールをはじめとする今日の推進派および内部被曝否定主義者たちの考えで、それが彼らの策略の原理となっているのだ。そして、このような計算方式の中では、人の命や健康などは、ますます安く、叩き売りされていくに違いない。だからこそ、ＩＡＥＡ前事務局長ハンス・ブリックスのように、「チェルノブイリ級の事故が毎年あっても、耐えられる」と平気で豪語することになる。

福島県が廃炉を決定したことは、当然であるというべきだが、近隣県で原発が再稼働すれば、危険性は消えない。廃炉を決定したことと、今後の放射能対策とがまったく別レベルで動いているとすると問題は残る。

二〇一二年一二月のＩＡＥＡ国際閣僚会議は何を決めたか

この会議は、二〇一二年末の衆院選挙のドタバタ騒ぎのなかで、マスコミも充分なフォローを

＊31　一九八五年にノーベル平和賞を受賞した。Physicians for Social Responsibility（http://www.psr.org/）

しなかったが、要するに強引に進められている既成事実作りの一環であるだろう。国際原子力ロビーが想定している第一歩の布石が公に記されたのである。一二〇カ国の公式参加があったが、大半の国は、大使に出席させているだけだ。さすが原発大国のフランスは、環境大臣ほか、原子力安全局長、仏原子力庁長官、IRSN所長などトップクラスを派遣している。フランスが参加国の中で最も力を入れた代表団の一つだっただろう。他に大臣クラスを派遣したのは、シンガポール（外務次官）、タイ（科学技術相）、パキスタン（外相）、アフリカ諸国ではザンビア、ニジェール、タンザニア、ザンバウイで、米国は、NRC（米国原子力規制委員会）の高官、中国もNNECCO（国家核安全局）と国家原子力エネルギー機構の高官、局長クラス、イギリスは、大使と原子力規制委員会の査察官、ロシアはロスアトムの社長がトップで、残りは高官、ドイツは環境省原子力施設安全局長が一番のトップで、後は次官、局長、部長クラスであった。総じて見ると大きな閣僚会議を装っているものの、実際には閣僚クラスは少なかったと言える。この会議は、福島原発事故で、IAEAの存在が避けて通ることのできない非常に重いものであることを内外に印象づけるのが狙いであっただろう。これは、チェルノブイリでも行なわれたIAEA主催の国際会議と同じである。

また、会議の舞台裏では原子力関連企業と各国の商交渉の場にもなった。日本は、ロスアトムと技術提供や核廃棄物の処理のことで話し合いをしている。ロシアはすでに秘密裏にフランスからの核廃棄物を受入れている（グリーンピースが暴露した）。恐らく相当な費用が支払われたことだろう。核廃棄物や産業廃棄物のアフリカ、アジア、シベリアなどへの輸出による廃棄は、いまや常套手段になりつつある。またフランス、アジア諸国とも話し合いを持ち、今後の推進への意欲、原発の輸出に意欲を見せている。福島事故の経緯をなるべく軽くみせることで、今後の原発輸出に繋げていきたい、という原子力産業界の意向を反映してもいる。

そして、今回の会議参加者たちを、平服のまま、マスクもつけずに福島第一原発サイト内の管理棟を訪れさせ、まだ放射線量の高い原発サイト内の一角をバスで巡回視察したことも、福島が終息しつつあることをアピールするための戦術で、福島原発事故が、〈ここまで改善されている〉ことを表向きには見せておきたかったのだろう。

ＩＡＥＡ福島国際閣僚会議は一二月一五日から一七日にかけて郡山ビッグパレットで開催された。この場所は、震災当時、多くの人が避難場所として逃げてきた場所であり、そこでこのような推進側による大きな催しが開かれること自体が象徴的である。この会議は、当時、菅直人元首相が国際会議をやりたいという意向を出しており、その流れを受けて、佐藤雄平福島県知事がウィーンのＩＡＥＡ本部を訪ね、天野事務局長と会談して福島での開催を要請した、という報道があるが、こうしたことは、お膳立ての公式表現であって、実はすべて地下で日本政府（外務官僚）とＩＡＥＡとの根回しができていたのではないか、とどうしても疑いたくなる。というのも、福島県庁のほうでは、覚書、取り決めなどの外交文書は、県庁では作成能力はなく、ほとんど外務省に任せきりになっており、独自に対応していた形跡は見られなかった、という情報を得ている。

これは、単に英語ができるとかできない、という話だけではないだろう。国際法上の条件を整えるという他に、多くの方針が福島県が独自に決められる以前にすでに福島県がやるべきアウトラインが、国、外務省によって引かれているということなのだろう。

そもそも、事故直後に、すぐ福島県は長崎医科大学の山下俊一教授をアドヴァイザーに受入れたのは、すでに政府や国際原子力ロビーとの連携や圧力があったのだろうと推測できるのである。それでなければ、こうした状況のなかで、とりわけ、山下俊一教授にすぐ白羽の矢が立つこともあり得ないだろう。佐藤知事は、政府の旧官僚であり、政府との繋がりが強い人物であることは自明である。福島県が政府と一線を画して、原子力に関して国際外交を展開できるなどとことは、とうてい想像もできない。あらゆることがほぼ政府レベルで進められており、しかも官僚レベルであって、おそらく、政治家レベルではない。官僚は関係諸機関、委員会、つまりは国際原子力ロビーと密接な関係を持っている。しかも日本の現在の官僚は、日米同盟固持、国際機関依存なのである。そしてその関係の中からあらゆる対策が提案され、講じられるのだ。日本原子力ロビーは、言うまでもなく国際原子力ロビーと密接な関係にあり、日本原子力ロビーの中心的な人物の履歴を洗えば、ほぼみな、ＩＡＥＡ、ＵＮＳＣＥＡＲ、ＩＣＲＰなどの委員か、その役職を過去に歴任してきた人物で構成されているからである。

さて、この会議の目玉は、何といっても、国（外務省）とＩＡＥＡ、福島県とＩＡＥＡ、福島医科大学とＩＡＥＡというように、ＩＡＥＡが三つのパートナーと「覚書」および「取決め」を交わしたことである。[*32] これらは、はっきり言ってとんでもない代物である。この「覚書」および「取決め」を精読してみると、協力活動という名の下に、ＩＡＥＡ抜きにしては何もできないと言えるほど、放射線の測量から、医療に関する問題まで、福島がこの機関に拘束されてしまうことが分かる。さらに、今後東アジアで発生し得る原発の苛酷事故のために、福島をＩＡＥＡ前線基地の拠点にする、といったことまでが盛り込まれている。そういう意味で、政府は地元や国民の意見を聞くことなく、また議会できちんとした討議を行なうこともなく、一方的に非常に重大なことを決定したと言えるのである。県議会で十分な協議をした様子が見れないこれらの覚書の内容について、佐藤知事は、重大な判断を自分ひとりでしたし、また国もまた国会での議論もないままに、政府内で決めたわけだ。むろん、日本の保守政権は、自民党にしても民主党にしても基本的には原発推進だったのであり、その限りで、日本政府はいつも、ＩＡＥＡにみずから積極的に寄り添いながら、協力をあおぐ立場にいる。中立の立場から思考できないほど、国際原子力ロビーの構成員になっているのである。

ＩＡＥＡが、放射能が健康に及ぼす影響についても、その調査や医療に関わる、というのは筋

＊32　「東京電力福島第一原子力発電所事故を受けた福島県と国際原子力機関との間の協力に関する覚書」および「放射線モニタリング及び除染の分野における協力に関する福島県と国際原子力機関との間の実施取決め」、そして「人の健康の分野における協力に関する福島県立医科大学と国際原子力機関との間の実施取決め」、および「緊急事態の準備及び対応の分野における協力に関する日本国外務省と国際原子力機関との間の実施取決め」。http://www.mofa.go.jp/mofaj/gaiko/atom/fukushima_2012/fukushima_iaea_jp_1215.html

が通らない話である。健康の専門機関WHOでさえ、放射線に関する専門性を放棄しつつある。当機関のチャン事務局長によれば、WHOには放射能防護の部局は今では存在しないからである。[*33]

そして、現在の状況を見る限り、WHOは、一九五九年の覚書に縛られて、何もできないようになっている。今回の国（外務省）、福島県、福島県医科大学とIAEAとの取決めの内容にも、それぞれに共通して、これと同じような条項がある。次の条項8である。

> 8 情報の普及
>
> 両当事者は、財産権的性質を有する情報の保護を条件として、本実施取決め及び、適当な場合かつ必要に応じ、その後の別途の取決め（パラグラフ5で言及されている合意を含む。）の下で提供され又は交換される公開の情報の可能な限り広範な普及を支援する。両当事者は、他方の当事者によって秘密として指定された情報の秘密性を確保する。（傍点は引用者）

これは、IAEAとWHOとの間に取り交わされた覚書とほとんど同じと言っていい。前者の覚書では、「秘密」とはっきり言わないが、この覚書（取決め）でははっきり「秘密」と規定している。これは、どちらか一方がこれは秘密情報だと決めたら、他方は公開できないことになるのだ。そもそも拒否権を発動するのは、常に力の強いほうである。IAEAに拒否されたら、日本政府、福島県、福島医科大学はそれを守らなければいけない。だから、可能な限り広範な普及というのは、あくまでも建前であろう。この条項の矛盾は、一方で最大限の情報公開を謳いながら、他方で秘匿性の情報が存在するであろうことを予め明らかにしていることである。福島県や福島医科大学は、これからこの条項に縛られて、重要な情報は公開できなくなる可能性がある。

だが、それ以上に一番問題なのは、ＩＡＥＡが福島に作る三つの拠点が今後、何を目的としどのようなことをするかである。

覚書のなかに「協力プロジェクトの実施取決め」がある。

※１「放射線モニタリングおよび除染の分野における協力に関する福島県と国際原子力機関との間の実施取決め」

本実施取決めは、放射線モニタリング及び除染の分野における福島県とＩＡＥＡとの間の協力に関する枠組みを定めるものであり、放射線モニタリングに関する調査研究、オフサイト除染に関する調査研究及び放射性廃棄物管理に関する調査研究を協力の範囲として特定している。

※２「人の健康の分野における協力に関する福島県立医科大学と国際原子力機関との間の実施取決め」

＊33 〈Independet WHO〉の代表団がチャン事務総長と二〇一一年に会談した時の記録による。
http://independentwho.org/fr/

本実施取決めは、人の健康の分野における福島県立医科大学とＩＡＥＡとの間の協力に関する枠組みを定めるものであり、健康管理調査、能力開発及び研究、啓発の強化並びに専門家による支援及び情報の交換を協力の範囲として特定している。

この件については、福島医科大学のサイトに、壮大な計画がぶち上げられている。「ふくしま国際医療科学センター」基本構想[*34]と名付けられ、三〇〇億円の予算だそうだ。県民健康管理調査事業を確実に実施していくだけではなく、福島原発事故の放射能影響問題は健康管理だけで、あらゆる部門から放射線、放射能という言葉を可能な限り排除し、それに代わって「先端科学」が幅を利かせている。基本構想に書かれてある（1）の放射線医学県民健康管理センターを除けば、先端臨床、先端診療、などの名称がめだっている。医療－産業界を結んだリサーチセンターを作ろうというのだ。そもそもこの中には内部被曝を研究する部門が一つもない。こうして、放射能被曝問題を先端科学や先端医学にすり替え、あたかも、医療科学の新しい未来が開ける、といったふうである。これは、まさに、ナオミ・クラインが指摘している〈ショック・ドクトリン〉[*35]と同じ線上のことではないだろうか。福島医科大学のサイトを熟読することをお勧めしたい。

※３「緊急事態の準備及び対応の分野における協力に関する日本国外務省と国際原子力機関との間の実施取り決め」

本実施取決めは、緊急事態の準備及び対応の分野における外務省とＩＡＥＡとの間の協力のための枠組みを定めるものであり、①ＩＡＥＡの放射線モニタリング機材の調達と同機材の福島県における保管、②地方、国及び国際的な専門家のための研修等の実施、③アジア太平洋地域において、原子力緊急事態を避けるためのあらゆる努力にもかかわらず同事態が発生した場合における同機材の使用を協力の範囲として特定している。

これに別途添えてあるファクトシートのなかで、特に問題なのは、「２．人の健康」という項目である。そこで、

（１）医療関連専門家及び医学生の能力開発による放射線医学教育の強化
二〇一三年末に福島県立医科大学において関連する国際シンポジウム及びその他の技術会合を開催する。

（２）心的外傷後ストレス障害を含む放射線災害医療における研究協力の強化
医療関連専門家ワーキング・グループを設置する。

＊34　http://www.fmu.ac.jp/univ/chiiki/hukkou/index.html

＊35　カナダの女性ジャーナリストで、国際的に著名なナオミ・クラインが定義した。大惨事につけ込んでつけ込んで実施される市場原理主義的な改革構想のこと。

原子力事故後の放射線、健康及び社会リスクに関する国際データベースを構築する。

（3）原子力又は放射線緊急事態の際に支援を行う医学物理士のための具体的なトレーニング・パッケージの作成

医学物理士のための具体的なトレーニング・パッケージを準備し、eラーニング教材を作成し配布する。

トレーニング・パッケージ作成のための会合及びワークショップを開催する

となっている。

ここに述べられている（1）は、すでに二〇一二年一一月に行なわれた専門家会議の継続であろう。そしてここに集まる人たちは、間違いなく、国際原子力ロビー内の専門家であり、今日、内部被曝問題の否定派である大半のICRPの専門家であろう。こうした処置そのものが、チェルノブイリで行なわれたあらゆる国際機関の動きと重なる。ICRPモデルによる放射線医学の養成は、まさに口実的には、一般人の被曝は一―二〇ミリシーベルト、そして放射線を扱う業務者は、五年間に一〇〇ミリシーベルト以下という国際基準を適用させようとすることに違いない。

また、「2．人の健康」に続く、「3．RANET（緊急時対応ネットワーク）」の（1）「能力研修センター（CBC）」には、放射線モニタリング機材を保管し、同機材を研修活動に活用し、また、アジア太平洋地域において、原子力緊急事態を避けるためのあらゆる努力にもかかわらず同事態が発生した場合にＩＡＥＡが同機材を展開するという条項があり、ここでは、絶対起きない、と言われてきた苛酷事故がもう想定内の出来事として、準備されているのである。そして、しかも日本国内にかかわらず、アジア近隣諸国で引き起こされるかもしれない次の苛酷事故のために、緊急機材などをストックするというのだ。そんな拠点にすることを、脱原発、廃炉にすることを決めた福島県民が納得しているのだろうか。これらは、日本政府と福島県、ＩＡＥＡとが、県民の意思ぬきに決めたことではないか。そしてそれ以上に、国際原子力ロビーの思惑によって決められたことではないだろうか。

幸い、「フクシマ・アクション・プロジェクト」というＩＡＥＡの行動を市民が監視しようという運動が立ち上がり、ＩＡＥＡに批判的なデモが会場前で行なわれたし、ＩＡＥＡ報道官との出会いの場もセットされた。しかし、マスコミの多くはこれらの事実について、ほとんど報じない。これからは、ＩＡＥＡの福島の拠点前にテント村を作っていくような運動が必要となるかもしれない。

今後も、福島県や日本全体で様々な国際会議が開催されるだろう。二〇一三年中にＩＡＥＡによる国際会議が予定されており、広島大学原爆放射線医科学研究所でも、神谷研二ほか当研究所教授たちを中心に第三回国際シンポジウムが二〇一三年二月一二日―一三日と行なわれた。また福島では、福島医科大学主催で、放射線健康リスク管理国際学術会議が二〇一三年二月二五―二七日に行なわれた。多分、これも日本財団、環境省のバックアップなのだろう。プログラムで予定されているパネラーたちは、まさに国際原子力ロビーのいつも同じ主要人物たちで埋められている。国内外の原子力ロビーによる既成事実化作りの継続であろう。これでは、チェルノブイリ以来、分かって来た放射能と疾病の関係や、腫瘍性以外の放射能による疾病は省みられることがないだろう。ここではまさにコストとベネフィットによる危機管理の合意形成なのだ。会議はすべて英語でやられ、通訳もつかない。英語の分からない人は、傍聴もできない。日本で行なわれる国際会議が英語独裁主義の会議では情けない。

その他、あまり知られていないところでは、二〇一一年一一月、福岡産業医科大学では放射線、メンタルヘルス、災害医療と三つをセットに原子力災害に焦点を合わせて、シンポジウムが行われたが、WHO衛生局長マリア・ネイラが基調講演を行っている。日本原子力学会は、二〇一二年九月に奈良県新公会堂にて、第一二回放射線遮蔽国際会議を行なっている。同年一二月二一日、放医研推進棟大会議室では、低線量放射線影響に関する国際シンポジウムが開催された。ちなみに、放医研は二〇〇六年から「低線量放射線の生物影響」の分野で、また二〇〇九年一二月には「低線量放射線の生物影響」、「重粒子がん治療」、「分子イメージング」の三研究分野で、約三年間の期限でIAEA協働センターとしての認定を受けている。

こうして着々と国際会議や様々な手法を用いて、事故の早期の正常化と公式見解や公式基準なるものの既成事実化が図られるであろう。除染作業はもっと本格的に、巨大な費用を使って行なわれるかも知れないが、ご存知のように除染によって元通りになる、などということはあり得ないだろう。放射能は右から左へと移動させることは可能でも、短期間には決して無くなりはしないし、森や野原や山にある放射能が風や雨でいつでも舞い戻ってくるのだから、イタチごっこと同じことである。ＩＡＥＡの提唱する除染を額面通りに信じてはいけない。それは一時しのぎにはなり得ても、事態の正常化のための単なる舞台装置に過ぎないのだ。しかも、原発建設に携わってきたいわゆる〈ゼネコン〉といわれる大建設会社が国や県、自治体から作業を受注し、下請けに回してボロ儲けをし、しかも作業管理もずさんであることがばれたばかりである。〈勝って儲け、負けて儲け〉が、原子力ロビーの中でまかり通っていることは、いわずもがなである。

第二章　エートス・プロジェクトの実相から[*1]

エートス・プロジェクトの諸問題

この章では、一九九六—二〇〇一年にベラルーシで行なわれた〈エートス・プロジェクト〉を取り上げる。国際原子力ロビー主導による、このベラルーシでの計画は、欧州委員会や多くの大学、研究機関、NGOを巻き込んだヨーロッパ規模のものだったが、その戦略がいかに巧妙で長けたものであったか、フランス最大の脱原発市民連合体のネットワーク〈Réseau Sortir du nucléaire〉の調査報告書に詳細に述べられている（**資料2**）。〈コール Core〉（本章一一二頁以下参照）、そして〈サージュ Sage〉（本章一二〇頁以下参照）へと続く、この一連のプロジェクトは、「長期的に汚染された地域」に、いかに、住民に本人の納得済みで放射能汚染を受入れさせ、居住させるかという、「放射線防護文化」構築という名の「操作的な」教育プロジェクトであり、コミュニケーション戦略でもある。

プロジェクトのタイトルにある〈エートス〉とは、ウィキペディアによれば、古代ギリシャ語で、「いつもの場所」を意味し、転じて「習慣・特性」を意味する。一般的には、道徳の発露を意味する言葉として使われる。アリストテレスにおいては、その「弁論術」で、ロゴス（理性）とパトス（情念）とエトス（エートス＝道徳的発露）が説得法において求められる三つの条件だったという。こうして非常に精神性を含んだ語が選ばれた。科学よりも精神に焦点がいくように、ということであろう。ちなみに、山下俊一教授もある講演の折りに、この三つの言葉を黒板に書いたという。

〈エートス・プロジェクト〉は、ベラルーシで一九九六年から一九九八年まで、エートス１が行なわれ、次いで一九九九年から二〇〇一年までエートス２が行なわれた。言うまでもなくベラルーシは、チェルノブイリ事故で犠牲になった三カ国（ウクライナ、ベラルーシ、ロシア）のなかでも特に汚染の酷かった国である。この計画の推進者は、前章で述べたように、ＣＥＰＮ（フランス原子力防護評価研究所）と呼ばれるフランスの原子力ロビー、すなわちＣＥＡ（フランス原子力庁）、ＥＤＦ（フランスの電力公社）、コジェマ社＝現在はアレヴァ社、ＩＲＳＮ（放射線防護と原子力安全研究所）が作ったＮＧＯである。会員はこの四団体だけである。事務所は、パリ郊外フォントネー＝オー＝ローズの仏原子力庁庁舎の中にある。フランスでは、官民一体となって原子力ロビーを形成している。原子力はフランスにとって国策であり、全ては核兵器製造から出発したのだ。

だから、フランスの原子力ロビーは軍産一体となっているために、国家の中の国家というほど、強権を持っている。国会での審議はほとんどない。この利益共同体の指導者たちの集団、〈コール・ド・ミンヌ（鉱山系大学校卒エリート集団）〉と呼ばれる国立高等鉱山学校、国立高等師範学校、国立高等テレコム技術学校をトップ・クラスの成績で卒業する技術官僚たちの間で、すべてが統括されているのである。

CEPN所長であり、ICRP第四委員会委員長ジャック・ロシャールは、〈コール・ド・ミ

＊1　この章は、ウラディミール・チェルトコフ『チェルノブイリの犯罪』（Wladimir Tchertkoff, *Le crime de Tchernobyl: le goulag nucleaire*, Actes Sud, 2006）と、NPO〈チェルノブイリ／ベラルーシの子どもたち〉、CEPNのネットサイトの情報をベースとして、他の様々な情報も参照しながらまとめたものである。

本章で、〈エートス・プロジェクト〉を取り上げるのは、国際原子力ロビーによって、形は変えても中味は非常によく似た、国際犯罪にも匹敵するプロジェクトが、ベラルーシに続き福島で、再度――前回の実質的な「失敗」を反省することもないまま――実行されつつあるからだ。その計画を運営した同じ人物、同じ組織が同じことを、過去の経験を生かして、そして、より洗練した形で取り仕切っている。多くの疑似文化的な催し、また農業生産改善などを含むこのプロジェクトは一定の成果を収めはしたものの、住民の健康改善には残念ながらまったく繋がらなかった。そもそも、この計画は、住民の被曝した線量を測定してデータを集めることはあっても、治療と健康の改善に向けた医療計画では全然なかった。このことは、NPO「チェルノブイリ／ベラルーシの子どもたち」の創設者で、元バーゼル大学医学部教授ミッシェル・フェルネックスの証言によっても明らかである（本章一〇四頁以下参照）。

今回、福島でも、IAEAを中心に、明らかに国際原子力ロビーが動き出しており、ICRP勧告を〈錦の御旗〉にして、全面展開しようとしている。これらの構造的展開を理解する上で、過去にどんなことが行なわれたか、検証することが、今日の福島の状況をより客観的に把握する拠り所となるだろう。

ンヌ〉出身ではないが、彼こそ、このプロジェクトの仕掛人であり、調整役である。その彼が、同僚のティエリー・シュネイデールと、福島で活発に動き回っている。ジャック・ロシャールについては、後に詳しく述べる。

エートス・プロジェクトの目標

ＣＥＰＮのウェブサイトにある説明によれば、この〈エートス・プロジェクト〉の目標は、「長期的に汚染された地区での持続可能な復興の条件を創ること」とある。そのためには、地元住民と地元当局の積極的な参加を奨励することが不可欠だ。放射線防護、農学、安全と信頼の構築、リスクの社会的管理などの異なったテーマを学際的に結合させていこうとする、一見、革新的なコンセプトだ。これらの計画は、一九九一年から九五年まで欧州連合と独立国家共同体（ロシア、カザフスタン、タジキスタン、ウズベキスタン、キルギス、ベラルーシ、アルメニア、アゼルバイジャン、モルドバ、トルクメニスタンの一〇カ国）の共同で行なわれたチェルノブイリ事故の影響評価の科学計画の結果をもとに立てられた、という。「チェルノブイリ事故は、住民の健康のみならず、経済的、社会的、文化的、生態学的、美学的、倫理的生活まで重大な影響を与えたため、土地の復興は、単に放射線学的な次元に留まらず、不可避的に、（経済・社会的な）日常生活全般に対する他のインパクトも考慮せざるを得ない（傍点、引用者）」とする。だが、彼らの視点には、低線量被曝問題はほぼ存在しないと言っていいから、こうした言説は、自己正当化にすこぶる役立つのだ。IAEA、ICRPの基準では、要するに、腫瘍性以外の病気は放射能が原因であるかどうか科学的な立証は難しいという口実のもとに、年間一〇〇ミリシーベルト以下は、ほとんど問題にしないのである。彼らの本音は、腫瘍性の病気にしたって、現代生活の中では、病気の原因となる様々な要因があるから放射能のせいだと断定しようがない、というものである。それゆえ、山下教授の有名な諸発言も出てくるのである。それは彼一人がそう考えているわけではなくて、国際原子力ロビーの大半が彼と同じように考えているのである。そうした背景があるからこそ、山下教授は、自信たっぷりに耳を疑うような発言を繰り返す。腫瘍性の病気でさえ、なかなか認めようとしない国際原子力ロビーは、致死性の病でなければ、受忍するしかなく、問題視するほどのことはないという態度で一貫している。

こうして、問題の焦点は、放射能の被害そのものよりは、経済的生活や、社会的、文化的生活全般の要因に比重が移ってくる。彼らにとって問題は、人々の健康よりは、その主眼は、汚染されていても、その土地の復興と再建（というイメージ）の方である。そのためには、地元の住民の主体的、積極的な参加が不可欠なのだ。理論上、考えたことを上から押しつけるのではなく、市民を懐柔しつつ、彼らの反応に則しながら、あたかも住民の意志を尊重しているかのごとく進めていく、というやり方だ。だからこそ、福島でも地元の住民の参加を大いに奨励しているのである。

とりわけ、この計画は、チェルノブイリ一〇年後から開始された。汚染地帯の状況は全く改善されていない。しかし、当然ではないだろうか。これほど放射能汚染の酷い事故を起こした後、福島よりは、避難を優先させたものの、多くの住民が汚染地区に住み続けざるを得ない状況なのである。医療のための具体的プログラムを立てられなければ、何も改善されない。エートスの計画に謳われているような取り組みだけでは、カバーされるはずもないのである。

〈エートス・プロジェクト〉の目的は、行政的に言えば、汚染地帯での健康管理や治療ではなく、欧州連合に対して、原発事故後の住民の日常生活の管理と長期的に放射能に汚染された地域の管理をどうするかという報告書を提出することだった。そして「放射線の線量レベルを持続的にどのように管理していくか、また事故によって混乱した社会的信頼をどのように再興していくか」が、彼らの課題だった。

しかし、CEPNのウェブサイトは語る。「一〇年経っても、汚染と対策に対峙しなければならず、以前あった生活の価値や質は、ひどい打撃を被り、以前とはすっかり変わってしまった。そのため、ストレスが続き、検閲によってリスクを否定していた当局の信頼が失われている」と。それこそが、原発事故のリアルな影響なのだ。このような背景のなかで、一九九六年春からオルマニー村で、〈エートス・プロジェクト〉が開始されたのである。一九九八年まで、彼らはオルマニー村に設置されたベルラド研究所[*2]の地域放射能測定センターを拠点にしながら、データの収集を行なった。ベルラド研究所とエートス・チームの関係は、二〇〇一年一月に、オルマニーや他の村々に設置した地域測定センターとともに、ベルラド研究所がベラルーシ当局から追い出されるまでは、それなりに友好的で前向きなものだったという。居住し続けている住民に対して、最大限の援助をする目的という点では両者は一致していたからだ。

〈エートス・プロジェクト〉は、健康管理や治療には全く無能であったにも拘わらず、今日では、驚くべきことに、それが、チェルノブイリ汚染地域の放射能防護と科学的指標となっている。そしてその責任者たちが、続いて行なわれた〈コール・プロジェクト〉の調整役になった。

チームの構成

当時、CEPNディレクターで、今では所長となっているジャック・ロシャールが、このプロジェクトの中心人物である。彼自身の経歴書によれば、ブザンソンとパリ大学で経済学を修めた後、三年間の教職後に、CEPN（原子力分野における防護評価研究所）に研究員として一九七七年から勤務し、一九八九年にディレクターとなった。〈エートス・プロジェクト（一九九六―二〇〇一年）〉、〈コール・プロジェクト（二〇〇四―二〇〇八年）〉の統括責任者である。SFRP（フランス放射線防護協会）会長を一九九七―九九年に務め、二〇〇〇年以降、IRPA（国際放射線防護協会）専務となり、二〇〇五年から二〇〇九年OECD原子力機関のCRPPH（放射線防護と公共

*2 第三章で詳述するが、ベラルーシの原子力開発の最も秀でた原子物理学者、旧ソ連科学アカデミー会員で、チェルノブイリ事故がおこるまでは、原子力開発を信じていたワシリー・ネステレンコが、事故後、自身の「知的革命」を契機として、ミンスクに創設した独立放射能測定研究所。

衛生委員会）委員長を務めた。一九九三年からICRP第三委員会の書記となり、一九九七年から第四委員会に入り、二〇〇九年から委員長を務めている。彼の経歴書には書かれていないが、チェルノブイリ・プロジェクト報告書の参加者リストを見ると、彼とティエリー・シュネイデールには、仏原子力庁の肩書きがついている。この時期は仏原子力庁に勤務していたようだ。SFRPは、ひとつのNPOに過ぎないが、初代会長は仏原子力庁の人、二代目以降は、ウェスチングハウス社（米国＝東芝が株の八七パーセントを持っている）、仏電力公社、IPSNなどの人間が会長職を兼ねている、要するに仏原子力ロビーの人間がほぼ独占しているのである。原子力推進派だけが集まって、どうやって客観的な放射線防護対策ができるのだろうか。

CEPN以外に、参加した諸機関は、

パリ＝グリニョン国立農学研究所（INAPG）、ムタディス・コンサルタント（Mutadis consultant）、コンピエーニュ工科大学（UTC）、放射線研究所ピンスク地方センター、ベラルーシ土壌科学と農化学研究所（BRISSA）、ベラルーシ・ブレスト大学である。それに、専門家として、科学コーディネーターのジル・エリアール＝デュブルイユ（ムタディス）、ジャック・ロシャール、サミュエル・ルピカール、ティエリー・シュネイデール（以上CEPN）、アンリ・オラニョン（農学者）、ヴァンサン・ピュパン（INAPG）、ジル・ル・カルディナル（技術者、情報科学専門、UTC）、ジャン＝フランソワ・ギヨネ（システム安全論、科学責任論UTC）、アルフレド・ペナ＝ヴェガ（社会、惨事の管理UTC）、ジュリー・リグビー（技術論UTC）、フランソワーズ・ペリエ（UTC）、フィリップ・ジラール

（社会学教授、精神分析家）、アレクサンドル・スダス、リュドミラ・ジュコヴスカイヤ、ニコライ・ヴァジレヴスキー、アレクサンドル・ザイトセフ、ヴァレンタン・リヴェンスキー（放射線研究所ピンスク地方センター）、イオシフ・ボグデヴィッチ、セルゲイ・タラシュック、ヴァディム・ドヴナール（BRISSA）、ユーリ・イヴァノフ、アレクサンドル・セバスチャン（ベラルーシ・ブレスト大学）の諸氏である（他の通訳協力者の名は省略）。

要するに、このヨーロッパから来たチームには、被曝医療に関する専門家や医師が一人もおらず（現地の放射線研究所の専門家、あるいは村医、看護婦、助産婦を除けば）、病気の子どもや住民の診察や治療を支援する計画はさらさらなかったことが明らかである。健康に関しては、一般的な医療以外のことはほとんど手つかずであった。せいぜい〈母親グループ〉を編成して、子どもたちの監督、線量計の測定結果によって、線量の高いところには行かせない、といった程度の指導でしかなかった。ホール・ボディー・カウンターを使っての計測も、ただ線量を調べるだけであって、ワシリー・ネステレンコ教授が奨励していた療養法（ホール・ボディー・カウンターの測定結果に応じて、ペクチンによる栄養補助剤を処方し、四週間ごとの療法を三―四回繰り返すことによって体内のセシウムを可能な限り排泄させ、低減させる）は、まったく採用せず、むしろ、ペクチンの効果はなしとして、この療法を排除した（これについては第三章で論じる）。したがって、ここで行なわれた測定は、広島／長崎で行なわれたABCCによる調査のように、ただデータを収集するだけだった。データと疾病症候群との間の相関性の研究を深化させない限り、放射能による健康への悪影響の実態は解明されようがない。

エートス1

ＣＥＰＮのウェブサイトからの情報を続けると、第一回のエートスは、ベラルーシ、ストリン地区のオルマニー村で、一九九六年春から行なわれた。エートス・チームは、オルマニーに数回、派遣団を送っている。計画の最初からどのような枠組みで作業するかが明らかにされた。このチームが現場にいることで、村の住民の信頼回復が先決だった。最初のミーティングには、一〇〇人ほどの村人が集まった。「ヨーロッパの専門家の皆さん、私たちはここのまま、ここで暮らしていくことができるでしょうか」という村人の質問に対して、「私たちはこの質問に答えるために来たのではありません。ただし、ここで暮らしたい人々を援助したい、彼らと仕事をして、生活条件を改善するのを援助したい」と回答して、倫理的原則に従うことにした、という。たしかに「ここで暮らしたい人々を援助したい」ということ自体は正しいし、ベルラド研究所もやっていたことだ。しかし、現況では、ここで暮らしたいと明確に決心した人たちよりは、決心つきかねる、どうしていいか分からない、経済的可能性がない、など様々な事情に阻まれて、やむなく居住し続けざるをえない人たちも、多いだろう。そうであるならば、最初の質問、「私たちはこのまま、ここで暮らしていくことができるでしょうか」という問いに、少なくとも、住民の心情に寄り添いながら、誠実な応答をすべきなのではないだろうか。

要するに、汚染地で暮らすことによる影響がどんなものかは、言わない（明かさない）。そのリスクも警告しないし、予防原則も適用しない。ただ、そこに留まる人の生活改善をする、ということなのであった。すると最終的には、ここに留まることを住民に強制することなく、不可避にさせているのである。この問答は、まさに落とし穴である。

CEPNのウェブサイトから引用を続けよう。

最初の滞在で、村民と一緒に、定期的に空間放射線量を村全体で測定した。場所によって線量は変わる。高い線量を出すところもあれば、低い線量のところもある。例えば、森だ。また汚染のないきれいなところもある。例えば室内だ。少しずつ、村人達は線量計を使うことができるようになった。

作業の枠組みは当初から決められていたが、現場で、少しずつ、その方法は構築されていった。後日、図式化してみれば、

1．聴取―協力体制の構築（住民―当局―エートス・チーム）

関与する人々の声をよく聞き、また聞いてもらうこと。ボランティアのワーキング・グループを決め、短期で共通のプロジェクトを立てる。

2．放射線の状況について共有できる評価を下す

住民に、測定に主体的に参加してもらい、測定結果を図や形にしていく。外部線量と食品の

放射能測定。ネステレンコ教授によって設置されたベルラド研究所の測定装置を根拠にする。比較検討、他の状況との展望。全体的目標と地域の制約。

3．行動の余地と改良の可能性があるかを突き止める

暮らしのレベルを良くするために、持続的に貢献できる行動がどのように可能なのか、また放射線の状況についての管理を、禁止事項を設けずに、住民に再度まかせる。

［これはまさに自己責任で、放射能を管理しろということで、原子力ロビーの最も破廉恥な提案である。自分たちの責任を回避して、犠牲者に自分で責任をとれというのも同然だ］。

4．実施＝アクター間での相互互換性のある行動

以前の行動を実施する。アクターたちとその流れの間の協力を強化する（たとえば、医者と家庭の母親、コルホーズと私営生産者など）。

こうして、住民の間で、エートス・チームと現地当局の支援で、六つのグループができ、子どもの被曝線量の測定、牛乳、精肉の生産の品質を高める。汚染された廃棄物の処理。みんなで、村人も科学者も一緒に探し、汚染の危機を少なくする、あるいは排除するための活動方法を発見した。

・家庭の母親に子どもの放射線量の安全管理を任せる
・牛乳の放射線の品質管理
・線量の質の管理と精肉の販売

・若者によるビデオ映画の製作
・汚染地域での生活の実践的な教育的指導の発展
・廃棄物管理と近隣の環境維持

実践的な放射線防護文化を発展させること。エートス1では、家庭の母親に子どもの放射線防護について責任を持たせる条件を作ることができた。そして、村の日常の生活の中で、実践的な放射線防護文化の発展を可能にした。このやり方を普及させるための条件を研究できたらという要望がベラルーシ当局からきている。この経験を、汚染地域の現地当局に伝えること。

以上が、CEPNのサイトに掲載されているエートス1の概要である。

エートス2

第二回エートスが始まると、オルマニー村には、地元の職業別のネットワークが四つ、作られた。保健衛生、教育、農業、放射線測定である。ここには八〇人が集まった、という。要するに、看護婦、医師、教育者、コルホーズの責任者、放射能測定技師などだ。健康ネットワーク、教育ネットワーク、農業ネットワーク、測定ネットワークである。

「つまり、長期汚染地域で、彼らの主張するところの「放射線防護文化」を構築することが目的である。農業ネットワークでは、品種の選択、工作法の改良などで、生産は上がったようだ。しかし、これはおよそ健康問題とは関係ない」。

エートス・プロジェクトとはなにか：ミッシェル・フェルネックスの証言

ここで、二〇一二年六月二八日、日本での講演旅行を終えて帰国した、前出のNPO「チェルノブイリ／ベラルーシの子どもたち」の創設者で、元バーゼル大学医学部名誉教授・ミッシェル・フェルネックス博士に、私が〈エートス・プロジェクト〉についてインタヴューして得た証言を掲載しておこう。

フェルネックス：私がいくらかその動向を知る〈エートス・プロジェクト〉について、あなたは触れられましたが、それがどのような結末となったか私の知る限りお話しましょう。

ベルラド研究所がよく似た計画を提案した同じ時期に、〈それを許さないと言わんがごとく〉この〈エートス・プロジェクト〉が計画されたのは明らかであり、私ども「チェルノブイリ／ベラルーシの子どもたち」と同じNGOであるCEPNが組織として圧力をかけ、〈エートス・プロジェクト〉を擁護し、欧州全体をこのプロジェクトに従わせました。このCEPNは、私たちに比べればはるかに巨大な組織、要するに社会的に強い立場に立っているEDF、CEA、そしてアレヴァ社により設立され、そしてこの〈エートス・プロジェクト〉を欧州連合に承認させ、助成を受けました。ベルラド研究所による計画は見捨てられたのです。CEPNはそれだけの政治的手段を持っていますよ。おわかりでしょう。
〈エートス・プロジェクト〉にはそれほど多くのお金は必要ないだろうと思っていたのですが、彼らは資金を潤沢に使い、人材派遣した先方の多くの大学に財政援助を行い、私は驚きましたよ。

彼らはいったい、現地で何をしたのでしょう。汚染地区で、どう生活するかを人々に教えたのです。たとえば、森から取ってきた薪を燃やして料理に使ったあと、残った灰をサラダ菜の畑に撒くと、それは全放射性核種を含むのでやってはいけない、あるいは、あの道は線量が高いから通ってはいけない、などと忠告したのです。さらに、善かれ悪しかれ人を快適にさせる社会的役割を果たしました。著名な農学博士を呼んできて、どんな時期に、どんな肥料を撒いたらいいか、畑仕事をする人のために説明させました。確かに、その方法でやっていれば、ジャガイモに含まれる放射能の量は市場に出すことを禁止されている濃度から、認可された範囲内の濃度に変わります。それは、汚染がない、ということではなく、規制値の上で、市場に出荷ができる濃度のことです。人々はジャガイモを売れるので満足していました。一方、現在の福島の農家の人たちは、自作のお米の汚染度が高いので、買い手がつかず、自分たちで食べるか廃棄するしかない。それは汚染されすぎています。

いずれにせよ、このプロジェクトの六年後に、彼らは自らの計画を総括しようとしました。私はその会議に招かれましたが、それは立派に準備され、そしてみな満足しているふうでした。一人ひとりが発表し、巨大なスクリーンに、コンピューターの画像が、整然と映し出されました。二ヶ国語で行われましたから、誰もが理解できたはずです。そして、最後の発表者はある女医でした。その女医は地域の子どもを診ている地元の小児科医でした。彼女は、コンピューターも映像も使わず、手書きでグラフの曲線を描いたのです。いろいろなことを説明していました。私は、彼女の発表を聞きましたが、たとえば、過去六年間の間に健康状態が悪くなった人々が、さらに上昇カーブの中にいたのです。チェルノブイリ後、何年か安定した年があり、八七―八八年頃までは変化がなかったのが、その後、悪化しはじめ、どんどん悪くなってきている。エートスのチームがやってきたときには、少なくとも今後は安定期に入るだろうと人々は期待しましたが、安定期はこなかったのです。あらゆる病気、出生時の子どもの病気の悪化を示す曲線は上昇するばかりでした。果たして、この計画のどこがよかったのでしょう。

最後に発表したこの女医は、入院患者数を示した表を見せましたが、八六―八七年頃に、あるレベルに止まっていたのですが、エートスがやってきてから、それが上昇し続け、重症入院患者数は、チェルノブイリ直後に比べ一〇倍にもなりました。患者数が減った時期など一度もありませんでした。〈エートス・プロジェクト〉側が発表した報告も見ましたが、健康問題について、今後も研究を続ける必要がある、という有り体のものでした。

ところで、六年後にエートスが引き揚げた後、人々の今後の健康状態がどう変化していくか、引き続き研究をしようとしたベルラド研究所の人たちがいます。彼らが〈エートス・プロジェクト〉側に援助を願い出たとき、彼らは「お金はもうない」と答えたのです。

――で、この〈エートス・プロジェクト〉は、ジャック・ロシャール氏ともども、日本に上陸してくるわけです。

フェルネックス：前回の計画の指揮を執ったのも彼です。その上、過去数年の間に彼はCEPNの所長になり、キャリアを立派に積んできましたから、以前よりさらに権威ある人となり、また今回も福島の放射能問題に携わるでしょう。今回彼が関わるのはジャガイモではなく、多分お米になるでしょうが……。

もし私の推測が間違っていなければ、福島での〈エートス・プロジェクト〉の後も、汚染地域では重症入院患者数は増加し続けるのではないでしょうか。これが彼が提案する計画案であるとするなら、いずれにせよ彼が実現した案は、健康被害を顧みない最悪のものであって、うまくいったとしても、それは表層的な成功をもたらす程度のものに止まるのではないでしょうか。ある意味で成功もあったのでしょう。〈エートス・プロジェクト〉側は皆が満足している様子でした。誰の誰だか知りませんが、［ベラルーシで行われた〈エートス・プロジェクト〉において］〈エートス・プロジェクト〉側に協力する地元住民が少々いましたよ。ともかく、今話した小児科医は、健康のパラメータがとめどなく悪化し続けていることを示してくれたのです。

放射能災害後の健康の悪化は、新生児以外は、ある期間が経ってからです。福島では、三、四年後に病気が増え始め、その後急上昇することになるでしょう。そして、もし〈エートス・プロジェクト〉にこの問題を取り組ませても、彼らが立ち去るちょうどそのときに、病気の増加率は非常に高くなるでしょう。彼らが、福島の人々に、研究を続けるための「お金はもうない」と言わないように望んでいます。私にとって、大切に思えるのは、将来がどうなるかを認識することです。

このように、フェルネックス博士の〈エートス・プロジェクト〉に対する評価は、いたって否定的だ。彼が二〇〇二年に書いたエートス批判の論考を資料として挙げる（**資料3**）。ベラルーシでは、事故前の一九八五年時点では、健康な子どもの割合が九〇パーセントであったのに対し、二〇〇〇年には二〇パーセントにまで低下した。新生児の死亡率は、一九八六―一九九四年では、九・五パーセントに上昇した。

ベラルーシの政治的現況のために、残念ながら情報源を公表できないが、このインタビューでフェルネックスが語った女医の話を裏付けるストリン地区のデータを資料（**資料4**）として、添付しておく。このデータが、この女医による発表データを裏づけるものである。

ベルラド研究所とエートス・プロジェクト

二〇〇八年に亡くなったベルラド研究所創設者のワシリー・ネステレンコ（第三章で詳しく紹介する）は、ヨーロッパから来る様々な科学者や専門家集団を、最初は信頼していた。自分の研究所と協同して、被曝した子どもたちの被害を可能な限り低減させることができるのではないかと考えていた。しかし、現実には裏切られる形となった。

〈エートス・プロジェクト〉の対象となったオルマニー村は、チェルノブイリから二一〇キロメートル離れたところにあり、二〇〇〇年の時点で、年間線量は三ミリシーベルトである。ベルラド研究所が、オルマニー村の医療センター内に地域測定所を設けた。看護婦のパシャさんが、ネステレンコから測定技術を習い、測定士として働いている。一九九〇年に作業を開始したときには、当時、現地の牛乳は一リットルにつき、セシウム一三七が五〇〇〇ベクレルもあった。二〇〇〇年には八〇〇ベクレルだった。進歩はあるが、八〇〇は多すぎる、とは当時のネステレンコの弁。子どもは三七ベクレル以上の牛乳、水は飲んではいけない。新生児は、母親が被曝した食品を摂取していれば、母親の母乳を通じて体内被曝する。八―一〇ヶ月になれば、放射性核種はすでに蓄積される。新生児の体重一キロにつき二〇〇―三〇〇ベクレルほどとなる。母乳が新生児にとっては最上の食事だが、それが汚染されている場合、逆効果になる。その場合、やはり汚染されていない牛乳を与えるほうが、まだましだという。

設置された地域測定センターでは、各自が家庭で飲んでいる牛乳を持参し、その汚染度を無料で検査してもらえる。汚染している場合は、クリーム分離器を使って精製するのがいいが、その機械がこの地域測定所にはない。分離されたクリームには放射能が残らず、牛乳の中に放射能が残る。クリームを水で溶けば、それは三〇ベクレル以下の汚染度で、子どもにも飲ませられる。ベラルーシには、こうした危険だと思われる汚染度以上の村が一一〇〇あるという。ネステレンコの評価では、汚染度の上限は一リットルあたり三七ベクレルだ。三五〇の村では一〇〇ベクレル以上ある。これは子どもに飲ませられない。村によっては四〇〇ベクレル以上あるところもある。しかし、村の住民、子どもはそれらを飲み続ける。村人によって、一〇〇〇ベクレル以上もの汚染された牛乳を持ち込む人もいる。当時のベラルーシの基準は一〇〇ベクレル、ロシアでは五〇ベクレルだった。乳牛には、吸収剤をまぜたほし草を与えなければならない。

エートス・チームはこの村のネステレンコの測定所に来て、彼らの持っていたデータをすべて無料で収集した。ネステレンコはデータができるだけ、共有され、公表されることがすべての人のためになると思っての寛大なる計らいをしたのだった。他方、エートス・チームは、その測定所員のパチャさんに、残業手当も支払わずに、自分たちの追加測定を依頼して、長時間労働を強いても平気だった。

パチャさんは、測定にきた住民に測定結果を渡している。そして、しばらくしてまた測定して、前回の結果と見比べる。村人の中には、「放射能については、いっさい知りたくない。私は静かに暮らしたいだけさ」という人もいる。他の村人は、きれいだと思われるほし草を持ってきて測定する。問題意識は持っているが、経済的に余裕がなく、そのきれいなほし草を購入できない人もいる。しかし、大半は、そこに生える野菜を食べるしか手段がない人たちだ。貧困がもちろん災いしている。ベラルーシの経済状態は悪い。しかし、生きながらえなければならない。

村の日常生活で残る問題は、家庭で燃やしたものから出る灰である。灰はほぼ、放射性廃棄物と同等に扱わねばならないが、大半の家庭では、灰を庭に捨てている。そして、その同じ場で、菜園を作っているから、当然、汚染された作物が実ることになる。菜園の下には埋めてはいけないと、たびたび、広報されているが、すべての人がそれを守るわけでない。パチャさんたちは、村人を組織して、村の外側に穴を掘って、そこに埋め、墓と呼んだ。しかし、それでも、その方法は良くないと、行政の人が監察にきて、やはり隔離したところに持っていって処分すべきだということになった。

彼女は、心配で独自で自分の灰を測定してみたら、一一万六〇〇〇ベクレル／kgもあった。驚いてネステレンコに連絡すると、現在の測定パラメーターでは数十万単位のレベルは測定できないと言われ、再度、灰を混ぜてベルラド研究所のほうで測定したら、二〇万ベクレル／kgという結果が出た。灰の元となった薪木は村の周りの森からとってきたものだった。

こうして、ベルラド地域測定所が測定し、住民に忠告を与え、様々なやり方で、被曝を避ける方法を教えている。これは、何も〈エートス・プロジェクト〉が発明したことでも、発見したことでもない。ベルラド研究所は、そもそも最初からこのような作業に取り組んでいた。そして最終段階で、ペクチン補助剤による療法も行なってきたのである。

〈エートス・プロジェクト〉のやましいところは、こうしてネステレンコのベルラド研究所が行なってきた活動の上澄みだけを利用しつつ、それをあたかも〈エートス・プロジェクト〉の核心であるかのようにみせて民衆の気持ちを引きつけ、そして最終的には、ペクチン療法を否定し、住民の能動的な活動までをも内部被曝を否定するために利用したことである。それは、このプロジェクトのオーガナイザーたちが国際原子力ロビーのアクターだったからに他ならない。

ベルラド研究所は、エートス・チームが去った現在でも、欧州委員会、そしてベラルーシ政府からの支援も援助もなしに、今までと同じ活動を忍耐強く続けている。彼らの活動を支えているのは、大半がヨーロッパの民間支援団体である。

継続されたコール・プロジェクト

この計画〈コール Core〉は、正式名〈Coopération pour la réhabilitation des conditions de la vie dans les territoires contaminés de Biélorussie＝チェルノブイリ事故によって汚染された土地での生活条件の再興のための協力〉の略称である。正式名が示すように、本来は、避難すべき土地＝まさに長期的に汚染された地域に、住民が汚染を受入れながら、自力で何とか生きていく方途を見つけさせるプロジェクトに他ならない。自分たちで責任を持ち、自分たちで何が必要か、どのように放射能を防ぐのか、計画を立ててやっていくという。表目には、住民主体の、住民を尊重した自主的な計画を手助けしながら、汚染地帯を復興させていく、という現地の人たちがすぐ納得してしまいがちな但し書きだ。この事故を起こした犯罪者も処罰せず、被害者に対する充分な補償もせず、また避難させるお金もないのでとどまってもらい、まき散らした放射能が管理の手に負えないから、住民に忍耐してもらいながら楽しく暮らしていけるツールを見つけましょう、というふうに理解すればいいのだろうか。つまり住民が受ける放射能汚染を最小化するための方法を、避難も含めて検討するのではなくて、与えられたこの〈長期汚染地帯〉を前提的に受入れたうえで、生活の最適化を図るのだ。つまり、かかる費用とそこから引き出せる恩恵のバランスの最適化のことである。ジャック・ロシャールの一番得意とすることである。

四つの地方が対象で、ブラギン地区、チェチェルスク地区、スラブゴロド地区とストリン地区。

主催者側の情報を元に、主目的を列挙してみよう。

(1) 生活条件の再興の課題に対する分ち合える理解を、ことなったパートナーが築き上げることができるようにすること

(2) コール・プロジェクトに関わることとなったパートナーたちが、共通の行動ができるようにすること

(3) 行動計画（健康、放射線防護は、全体の規則として定義されること、間接的直接的に人々を襲う電離

放射線の有害な影響を避けたり、減少させたりするための予防や監視の方法や手続き。環境への被害も含む）の異なった分野で、統合が可能になること
（4）現在行なわれている様々な行動（地域、地方、全国レベルでの）の上で、統合を容易にすること
以上のことを実行するために、四つの委員会を作る。
1．承認委員会：計画の方向性決定の責任を分ち合う――そこには三つのタイプのパートナーを集合させる。
2．ベラルーシ当局、国際機関、欧州委員会、国連開発機構、スイス協力開発庁、フランス外務省、欧州安全協力機構、ミンスクにある欧州諸国の大使館。
3．現地で実際に事業を行う業者。
4．パートナーシップ委員会、ベルラド研究所、チェルノブイリのためのアイルランド学生10K協会、チェルノブイリの子どもたち財団（ドイツ）など。

この事業の中にベルラド研究所が入っているが、彼らは、何とか自分たちの研究と支援の活動資金をこうした形で工面しながら、ぎりぎりのところで前進しようと考えたからだ。ネステレンコは、「自分たちの活動が少しでも継続出来るなら、悪魔と一緒でも」という気分だったのだろう。背水の陣で参加したベルラド研究所の立場は理解できるのである。

だが、奇妙なことに、この計画で一番重要なプロジェクト承認評議会には、測定作業に重要な役割を果たしたネステレンコは排除され、その代わり、ペクチンを批判しているエドムント・レ

ンクフェルダー*3（〈オットー・フーク研究所〉の所長としてではなく、〈チェルノブイル＝ヒルフェ〉協会の会長として）がおり、〈オットー・フーク研究所〉の代表として、クリスチーン・フレンツェルがネステレンコと同じように参加団体として、署名している。原発を強く批判しているはずの二人がなぜ、推進派が主導するこのような混成構成体《コンソーシアム》に参加するのだろう。これはＡＣＲＯにも言えることだが。

この計画に一番出資したのは、フランス（約一〇四万ユーロ）、欧州委員会（約九四万）、国連諸機関（約四七万）、スイス（約四四万）、アメリカ（約四〇万）、ベラルーシ（三九万）、ドイツ（約二一万）、独立国家共同体（約一〇万）の順だ。五年間のうち、一九一のプロジェクトの提案があり、承認された数が一四六件、そのうち、一一一件の小プロジェクトと三五のテーマを持つプロジェクトが立った。

具体的には、病院や医療施設を住宅地から近いところに再編成する、診療所新設と看護婦の増強、病院の設備の近代化、甲状腺がんの検査の充実、機材の充実、医療関係者の養成とレベルアップ、情報を拡散させるためのセミナー開催回数を増やす、地域の人にあった情報配給システム

＊3　一九四三年ドイツ・ババロア州ウェーデン生まれのドイツの生物学者，放射線生物者。ミュンヘン大学放射線額の教授を務めた。オットー・フーク研究所を創設、所長となった。チェルノブイリ事故後、ベラルーシで、支援活動に従事、低線量被曝問題も研究、二〇〇以上の著作を持つ。ベラルーシのフランシスク・スコリニ共和国勲章を一九九九年に授与。ドイツでは著名な学者。

と手段の充実、妊婦に対する放射線生態学のセミナー、子どもの健康管理の充実、スポーツ教室、地域ごとの社会経済的な環境の発展、農業生産拡大のための近代的設備の充実、農業生産方式の近代化、作物の品種の多様化、マイクロクレジットによる地域の小中農家への経済的支援、農業センターの解説、家族農業と国営企業との結び合わせ、学校の果樹園、温室栽培の充実、教育機関のインフラの充実、子どもの進学指導、就職指導の充実、農業以外の職業活動の開発（陶芸、高齢者へのサーヴィス）など。

一見すると立派な事業のようにみえるが、これらは、おおよそ、国連の開発事業でおなじみの多くの協力事業と似たり寄ったりなので、成果のあったものもあるだろうし、なかったものもあるだろう。もちろん、多くのパートナーシップで参加した諸研究機関や大学、原子力以外の国連の諸機関（ユネスコ、世界食糧機関など）、そしてNGOによる活動、それらがすべて無益だったとは思わない。しかし、いずれにせよ、原子力の推進組織が中心になって行なわれるこれらのプロジェクトが、放射線防護の問題に真剣に取り組む意識をそもそも持ち合わせているのか、つまり、彼らが定める健康への影響の水準をはるかに上回る、ベラルーシの住民たちの「現実」を前にして、この問題と対峙できるような前提を設定しようとしていたのか、ということである。原子力推進派は、原子力の危険性を小さく見せようとし、また有害な側面を語ろうとしない。例えば、フランスのＡＳＮ（仏原子力安全局）やＩＲＳＮ（放射線防護と原子力安全研究所）は、本来、推進側とは一線を画して独立した任務を遂行すべき機関であるが、原子力を民事・軍事両面で同時に開発しているこの国においては、このプロジェクトに国策として参加している限り、推進側の組織と一線を画した行動をとることができないのは火を見るより明らかである。しかし、これだけの肩書きを持った組織と人物が揃い、少なくとも外見上は、立派な報告書を作成している以上、それらを一通り眺めるだけでは、その根本的な欠陥を見抜くのは困難であろう。もとより、それは、国連で行われる多くのプロジェクトと同様に、金と人材、時間をかける割には成果の上がらない計画である場合が少なくない。しかし、より重要なのは、そのような国連の諸計画と、この国際的プロジェクトの決定的な違いである。つまり、このプロジェクトは、大事故を起こした側が、要するに原子力推進派が、牽引して行なっている計画であり、これは、端的に言えば、交通事故を起こしたものが、事故の後始末をし、できるだけ被害は大したことがなかった、というふうに見せかけるための作業を行っていることと等しいのである。つまり、究極的には、一〇〇ミリシーベルト／年以下なら問題ない、後は、食事に気をつければ、多くは「放射能恐怖症」や精神的な問題、あるいは貧困の問題だとして、かたずけようとすることである。[*4] むろん、これだけの大惨事の後、まともな精神状態でいられるほうが、むしろ、異常だろう。様々な心的外傷後ストレス障害（ＰＴＳＤ）となったとしても、全く不思議ではない（これもある意味では物理的な障害である）。

＊4　実際、日本アイソトープ協会専務理事佐々木康人は、日本原子力文化振興財団ウエブサイトで、二〇一二年三月八日のインタヴューで、これとほぼ同じ事を述べている。
http://www.jaero.or.jp/data/02topic/fukushima/interview/sasaki_t.html

しかし、それ以上に、実際に、チェルノブイリの現場で、今日でも、多くの子どもから成人に、肉体的な異常やさまざま疾患が報告されているのである。これらも、今までのやり方では捉えられないので、多元的な切り口から研究を深めるとか、徹底した疫学的調査をするのではなく、医学的に因果が証明できないとして、簡単に無視されてしまう。

それゆえ、ネステレンコは、これらのプロジェクトに参加し、最初はヨーロッパ人の善意をナイーヴに信じながら、後半は、次第に気がつきながらも、自分の研究所が経済的に厳しいので、自分たちの開発してきた測定と治療法を少しでも推進できるならと、最後まで放棄せずに同伴したのである。だが、結果から冷酷に言ってしまうと、ベルラド研究所は、国際原子力ロビーによって、都合良く利用され、データをすべて巻き上げられた上に、捨てられたのである。

『真実はどこに?』の監督・ウラディミール・チェルトコフは、〈コール・プロジェクト〉が始められるとき、彼が副会長を務めるNPO〈チェルノブイリ/ベラルーシの子どもたち〉の名で、フランスの国会議員、欧州議員、欧州委員会当局に、批判の手紙を送った。

この計画は、一九八六年以前では二〇パーセントの子どもだけが病気だったのが、チェルノブイリの惨事によって、八〇パーセント以上の子どもたちが病気になっているこの地方の健康問題を考慮に入れていないものです。〈コール・プロジェクト〉の覚え書きでは、五年の活動後に、その有効性を評価する予定です。私たちの批判は、このプロジェクトの起源からして考えるべきではないかというものです。なぜなら、汚染された大地での健康上の災難は悪化しており、重大な伝染病のように拡大しているからです。国際社会から一七年間も放置された汚染された住民たちは、適切な医学的治療が予定されていないプロジェクトで、これ以上、さらに五年間も待つことはできません。

しかし、返事は皆無だった。エートス、コールと続くプロジェクトで、フランスが何を目指していたかと言えば、今後起こりうるチェルノブイリ級事故が発生した際の、事後の管理の準備のための研究をしていたということなのだ。

〈エートス・プロジェクト〉の調整役であったムタディス・コンサルタント社に、国のASN（原子力安全局）が、チェルノブイリ事故後の管理の経験を踏まえて、今後の事故が発生した場合の管理体制を検討すること（PAREXと呼称された計画）を依頼し、二〇〇七年三月一九日に、「ベラルーシの場合における事故後の管理経験の再帰的検討」と題された報告が出ている。これは五人の著者によって書かれ、うち三人のジル・エリアール＝デュブルイユ（ムタディス・ディレクター）、ジャック・ロシャール（CERN所長）、アンリ・オラニオン（パリ＝グリニヨン国立農業研究所の農学者）は、〈コール・プロジェクト〉の提唱者たちである。残りの二人は、ムタディスのスタッフだ。

その後、『ル・モンド』紙の記者エルヴェ・モランの「フランスは、自分の国土に、チェルノブイリ・クラスの事故を想定して準備している」という二〇〇八年二月二一日付けの記事によって発覚した研究がある。この研究は二〇〇五年から始められ、九つ以上のワーキング・グループが参加した。ただし、研究の仮説の事故設定が、一時間から二四時間以内で終息する事故を仮定したものだ。原発の苛酷事故は絶対に起こらない、とする日本の安全神話ではなくて、苛酷事故は起こるという前提の元に考えられた研究で、ASN、IRSNとが中心となり、農水省、食品安全局、気象庁、核施設のある各地元の情報委員会（仏電力公社、仏原子力庁など当局と地元の自治体、また市民代表で構成される委員会）、アレヴァ、EDF、CEPN、NPOのアクロ、環境団体〈森のロビンフッド〉なども含めた（ただし彼らは会議にほとんど欠席したが）コルディルパ計画（CODIR-PA = Comité Directeur pour la gestion de la phase post-accidentelle d'un accident nucléaire ou d'une situation radiologique 原子力事故後の段階における、あるいは放射線状況の管理のための責任者を集めた委員会）が、二〇〇五—二〇〇九年の間に、補償金問題も含めた事後のあらゆる事態を想定した研究が行われ、二〇一〇年一二月四日にその最終報告が出されたのである。

これらは、片やエートス、コールが終わる時期と並行して、同じ原子力ロビーの責任者たちが、立ち上げた計画である。その両方に関与しているジャック・ロシャールの調整能力は恐れるべきかなである。やはり、エートス、コールなどを念頭においてのことであろう。

削除されたガイド：サージュ・プロジェクト

この計画〈サージュ Sage〉は、正式名〈Stratégies pour le développement d'une culture de protection radiologique en Europe en cas de contamination radioactive à log terme suite à un accident nucléaire =「原発事故によって、長期的に汚染された場合のヨーロッパにおける放射線防護文化の発展戦略」〉の略称である。非常に長いタイトルがついているが、〈エートス・プロジェクト〉の成果をもとに、欧州委員会が助成して、五つの研究機関（HPA〔イギリス健康保護局〕、健康と環境研究センター、GSF〔ドイツ放射線環境研究所〕、ベラルーシ・放射線学研究所ブレスト支所、ベラルーシ・ベルラド放射線安全研究所）、しかし途中で「健康と環境研究センター」が離脱したため、最終的に、四つの研究機関が参加し、CEPNのジャック・ロシャールが中心に編集したものである。

だが、このガイドには、重大な欠陥がある。著者名の最初に、ワシーリ・ネステレンコ、アレクセイ・ネステレンコの名前が挙げられ、あたかも主著者のように、プレゼンされているが、ワシリー・ネステレンコが提出した論考がそのまま載らず、筆者に無断で削除したものを掲載しているものである。これは出版倫理上、許されるものではない。ネステレンコの奨励した基本的対策と、結論部で書かれた苛酷事故時の四つの予防に関する勧告は、著者への許可を取らずに削除された。このようなやり方は、論文の改竄であると非難されてしかるべきである。この「手引き」は、（ネステレンコの論文は不完全な形のまま）京都大学放射線生物学研究所・小松賢志教授が中心になり、〈放生研ニュース・レター〉の編集者たちが、ボランティアで翻訳したものが、同研究所のサイトから無料でダウンロード*5できるようになっている。これも研究者たちが、ボランティアで〈善意に基づき〉行なった協力であろうが、結果的に、ジャック・ロシャールの改竄編集の日本版出版に手を貸すことになってしまった。

削除された主要部分を次に訳出しておく。

結論：

1．放射線惨事があった場合の住民に対するより効果的な防護のために、（原発から三〇〇—五〇〇キロメートルの範囲で）、定期的に更新される安定ヨウ素剤を各家庭に配布して常設しておくことが、不可欠である。

2．原発所有国や、その周辺国は、前もって、食品や放射線モニタリングのシステムを作るべきである（一九九一年、ネステレンコは、ソ連崩壊以後、最初の政府によって支持されて、最も汚染の酷い村々、三七〇カ所に地域測定所を設けたが、現在は全て廃絶された）。

3．原発の周辺には、放射線状況を監視し、住民に放射線の危険を警報し、放射線防護の対策についての勧告の情報を即時に送る自動システムを設置すべきである（一〇〇キロメートル圏内）。

4．ヨーロッパの全ての国は、前もって、以下のものを作るべきである：

・食品の放射線量を監視する政府の制度と非政府の食品測定センターの設置

・住民（とりわけ子どもたち）の臓器にセシウム一三七が蓄積されるレベルを見極めるために、住民の異なる社会階層ごとに区分された人々の検査を行なう移動式または固定式のホー

ル・ボディー・カウンターを持った放射線測定ラボのネットワーク
・被曝汚染をした人から放射性核種を除去するための食品補助剤の備蓄
・放射能に中レベルくらいに汚染された土地で、きれいな農作物を栽培するための適合した農工業的生産に関する適応した規則（技術的指針のある）
・一九八六―八八年にオーストリアに存在した例のように、農業生産による食品汚染の許容できるレベルの動態システムを向上させること

福島で行なわれたダイアログ・セミナーとはなにか

昨年の秋から、ＩＣＲＰ主催のダイアローグ・セミナーが福島で始まった。開催費用は日本政府環境省が拠出している。そもそもＩＣＲＰ委員の渡航費は、電気事業連合会が拠出している。セミナーというのは、そもそも対話をしながら進めるのがセミナーと呼ばれる講義のことなので、それにわざわざまたダイアローグという言葉を付け加えた背景には、市民との対話を実行していますと強調したい狙いがあるのだろう。しかし、本当の対話なのだろうか。このセミナーは何を狙ったものなのだろうか。

ＩＣＲＰ主催のこの催しを牛耳っているのはまさしく、ジャック・ロシャールであり、日本側

＊5　http://www.rbc.kyoto-u.ac.jp/Information/bougo-tebiki.pdf

は、恐らく丹羽太貫京大名誉教授であろう。

こうした企画を評価する場合、非常に複雑な点は、すべての提案が誤っているわけではなく、原発反対の市民にも充分合意できる事項もあることである。避難できずにいる住民の最低限できる放射線防護のやり方を学ぶという点で、反対する人は誰もいないだろう。参加者の中には、善意と誠実、勇気に溢れた方もいるに違いないからだ。そこで、こうしたできごとを評価する際の線引きがたいへん微妙になってくる。こうした、いわば、まだら状の善し悪しの判断を下しにくい内容を盛り込んだ企画が推進側から提出されるから、ややこしくなってくる。そして、そのような企画に参加することによって、本人の意思とは関係なく、結果的に、彼らの催したプロジェクトの既成事実化に手を貸し、彼らの主張を是認するものとして利用されることになる。

ダイアログ・セミナーを辿ってみよう。

第一回目は「〝福島事故後の居住環境の復旧〟:チェルノブイリの教訓とＩＣＲＰ勧告」と題され、二〇一一年一一月二六日、二七日に、福島県庁の会議室で行なわれた。しかし、インターネット上では誰が参加したのか検索不可能だ。ＩＣＲＰの日本ウェブサイトにも出ていない。[*6]だが、ダイアローグ・セミナーの結論と意見表明では、勧告１１１の一部が次のように冒頭に書かれ、心情に訴えている。「結局、大部分の人々が真に求めていることは、自分の生活の営みを続けることではないだろうか。そして人々はそれを実現することをのぞみ、(時には多少の助言によって) それを実現しうるのではないだろうか」。

この言葉は、まず汚染地区に住む住民の心情に自然と響いてくる。誰だって故郷から追い出されるのは嫌なのだ。誰だって今まで通りの暮らしをしたいのだ。特に、福島のように自然が美しく豊かな農業立県ではなおさらだ。農民は大地と共に生きる。大地を耕し、大地に培われて生きる。しかも何十年もかけて肥沃にしてきた土地なのである。できることなら踏みとどまりたい。それが農民の切実な気持ちである。だから、放射能によって、土地を追われるのは、耐え難いことにちがいない。それは、家族やその地域の共同体の崩壊をも意味するのだ。普段、当たり前だと思ってきた自分の居住する街の風景や土地や人間関係が、ある日突然、根こそぎ奪われるのである。例えば、飯舘村のような酪農家が多い地域では、自分の子のように愛情を持って育ててきた多くの乳牛を屠殺場に送り、牧場を処分して、家族散り散りに疎開しなければならない辛さと悲しみは、農民たちを絶望の淵に突き落とす。

あるいは、避難する方法や手段を持ってない農民たち、持っていても故郷を捨てることができない人たちは、現在いる状況を何とか自己正当化して、自分でも少しは安心したい、という心情はいやでも働く。そのような心的傾向を非難することはできない。ただ、そうした心理は、福島の管理の一元化を目論む国際原子力ロビーにとって、利用しようとする対象としては最適この上ないのもまた確かである。

＊6　http://icrp-tsushin.jp/dialogue.html

私は、二〇一一年七月一六日、ネットを通じて最初の警報を流したとき、次のように書いた。

エートス・プロジェクトを通して国際原子力ロビーは何を目指しているのか？（／その1）

国際原子力ロビーは福島原発事故の問題を手中に納めるため、日本で本格的に動き出している。この惨事が惨事と認定されないように、原子力産業の発展のくびきとならないようにするためである。昨年から、福島で、東京で、広島で、日本の原子力ロビーやそれに関与している御用学者たちが盛んに連動して動き始めていることも周知の通りである。

昨年秋から、〈エートス・プロジェクト〉などという、倫理性や精神性を包み込む名称をタイトルにして、原子力推進勢力が復興計画を福島で行なおうとしている。この計画の組織者たちは何を意図しているのか、数回にわたって検証したい（本書では「その2」以下は省略）。

日本にも襲いはじめた〈エートス・プロジェクト〉とは何なのか？

（冒頭部分は前出する情報と類似するため省略する）

ところで、CEPNはたしかにNPOだが、いわば仏原子力ロビーのロビー活動の窓口と言っていいだろう。組織の定款は一般の非営利市民団体と同じであるが、年間予算が数百万ユーロという相当な予算を手にしている。この組織が行なっているのは、原子力産業分野での防護評価であるが、原発事故など苛酷事故のリスク評価を行ってきたムタディス・コンサルタント社と一緒に、仏原子力ロビーのテコとなっているのである。仏原子力ロビーがムタディスに、苛酷事故が起こった時にどのような危機管理をすればいいのかを研究させている。「〈原子力産業の〉事業を正当化しながら、それに伴うリスクを正当化すること」が目指されているわけだ。

多くの大学や研究者に呼びかけられ、多大な予算が投入され、〈善意の〉大学教授、〈善意の〉研究者が集まった。パリ＝グリニョン国立農業研究院、コンピエーニュ工科大学などだ。そして欧州委員会も協賛、助成するのである。

ＣＥＰＮが軸となって、このプロジェクトは、その後、〈エートス２〉、〈コール〉、〈サージュ〉と継続されたが、ここには、ラアーグ再処理場の市民による放射能監視をする役割を担っていて、いわば原子力推進派の反対側にいると見なされるはずの「ＡＣＲＯ」までも参加している。

こうした原発事故の後の対応は、たしかに「放射線防護だけでなく精神的、社会的、経済的、政治的、倫理的な面から成る複雑な過程」（ロシャールの説明）だが、何より、健康問題が中心的課題となるべきところ、後者の精神的、社会的、経済的、政治的、倫理的な面に主題がすり替えられている。これらの側面は、実際、福島や周辺県で、真摯に長年に渡って農業や漁業に打ち込んできた生産者や住民にとって、感じやすい部分であり、また彼らの思いが帰郷、復興、再開に向けて募っているとき、ジャック・ロシャールの語る〈住民参加型の復興〉の思惑にスッポリと重なるのである。それこそが罠なのだ。原発事故後の様々な健康障害は、実は放射能ではなく、精神ストレス、経済的、社会的な様々な原因によるのであって、放射能によるものではない、というのが国際原子力ロビーの主要な主張なのである。つまり、放射能を免罪すること。これこそが彼らの目的であり、それは真実を覆い隠すことで成立している戦略なのである」（以上、本書と重複する部分は省いた）。

ジャック・ロシャール、仏原子力ロビーの先兵となって働くこの所長は、今は福島に対する国際原子力ロビーの中心的アクターである。ダイアログ・セミナーと題されたこの会合企画は、いわば福島の住民を対話形式によって懐柔し、長期的に汚染された地域でも、楽しく暮らしていけると納得させ、住民の側から積極的にこのような居住環境を受入れさせることが第一の目的であり、ガンか白血病以外の疾病を放射能とは関係ないとして認めない立場にいるＩＡＥＡ、ＩＣＲＰ、ＵＮＳＣＥＡＲにとって大変都合のいい、低線量被曝（内部被曝）の影響を住民に自主的にいっさい無視させることなのである。こうした会合をもう過去に何度も経験してきたジャック・ロシャールにとって、いまがまさに出番なのである**（資料5）**。

ダイアログ・セミナーの内容

ダイアログ・セミナーは、回を追うごとに参加者も増え、強化されてきている。第二回のセミ

ナーでは、出席者は、
松田秀樹（諏訪野町町内会会長）、中野新一（伊達医師会会長）、河野恵美子（コープとうきょう理事）、ヨセフ・ボグデビッチ（ベラルーシ科学院）、ゾイア・トラフィムチク（ベラルーシ共和国緊急事態省〔RSRUE〕〝放射線研究所〟部局長）、アストリッド・リーランド（ノルウェー放射線防護局）、ハーバード・ソーリング（ノルウェー放射線防護局・研究員）、安東量子（福島のエートス代表、いわき市自営業）、半谷輝己（AFTCたむらと子どもたちの未来を考える会副代表）、安井至（製品評価技術基盤機構・理事長）、丹治伸夫（福島県医師会・常任理事、わたり病院院長）、籔内潤也（NHK報道局科学文化部）、鈴木克昌（福島県環境生活部 除染対策課長）、渡邉桂一（原子力災害対策本部）、田中俊一（放射線安全フォーラム）の諸氏。

第三回は二〇一二年七月七―八日に伊達市役所ホールで開催され、
ジャック・ロシャールと多田順一郎が総合司会、ハーバード・ソーリング、赤羽恵一（放医研）、佐藤理（コープ福島）、宮崎真（福島医科大学）、F・ロリンジャー（フランス）、根本圭介（東京大学）、堀岡伸彦（原子力災害対策本部）、半谷輝己の諸氏。

午後のセッションでは、
ジャック・ロシャール、デボラ・オーグトン、ティエリー・シュネイデールが司会と書記を担当し、パ

ネル討論参加者（一五―二〇名）
ＪＡ加盟の農家複数、大学教授、飯舘農家、生協、食品流通企業に、ＮＰＯ：安東量子、半谷輝己、小学校の校長や父兄会、首都圏消費者や地元新聞の記者……

といった一見、多様な市民の顔ぶれとなっている。午後のセッションでは小学校父兄会の代表など他の市民たちの顔ぶれも見られる。しかし、こうした市民の顔ぶれの中に、原子力推進派で、内部被曝の影響を否定する半谷輝己、ティエリー・シュネイデール、多田順一郎などが紛れ込んでいる。

そして最後の締めくくりは、やはりジャック・ロシャールとＯＥＣＤ原子力委員会のテッド・ラゾである。

第四回[*7]は二〇一二年一一月一〇―一一日、前回と同じ伊達市役所シルクホールで開催され、教育がテーマであったため、今回は普段の顔ぶれ（ジャック・ロシャール、ティエリー・シュネイデール、デボラ・オウグトン、テッド・ラゾ）以外に、学校の教員達も動員されている。

パネル討論参加者は、
大学関係者：吉田浩子（東北大学）、伴信彦（東京医療保健大学）、水野義之（京都女子大学）ＮＰＯ他関係者：安東量子、他団体、ＪＡ代表者、教育関係者、教員、父兄……

などといった顔ぶれだ。

翌日のセッションでは、コーヒーブレイクを挟んで、

国の放射線教育と文部省副読本（二〇分）吉田浩子、小学校関係者、教育行政、放射線教育の課題として水野義之

といった面々で、午後のセッションでは、パネル討論参加者は、午前の会に参加した人たちがおおよそほとんど参加している。こうした中に、やはりＩＣＲＰや、ベラルーシで行なわれた〈エートス・プロジェクト〉を批判的な視座を持たずに受入れている水野義之がいる。この人物は、自由主義の経済学者で実業家、原子力を擁護する池田信夫が社長のアゴラ研究所が立ち上げたバーチャル・シンク・タンクとでも呼ぶべき Global Energy Policy Research サイトに寄稿しており、放射能の低線量リスクをほとんど無視しようとしている論客グループに属するから、やはり原子力ロビーの思惑に合致する人物と見なしても差し支えないだろう。そして「エートス・イン・福島」代表の安東氏と最初から連絡を取り合っている一人である。もう一人の伴信彦もＵＮＳＣＥＡＲ日本代表団アドバイザーだから、同じ科学潮流の人物だろう。吉田浩子は、宮城県丸

＊7　「エートス・イン・福島」のサイトに行くと、講演ビデオが観れる。（http://ethos-fukushima.blogspot.jp/）しかし、ＩＣＲＰの日本サイトである〈ＩＣＲＰ通信〉（http://icrp-tsushin.jp/dialogue.html）に行っても、これらの画像は見られない。「エートス・イン・福島」が代理しているといってもいいほどだ。

森町で除染効果が上がっているかを確かめるため、子どもに線量計を渡し、四年間（外部被曝線量を）測定するプロジェクトを立てている研究グループの人だ。子どもの身体を使って、除染の効果を検証するという。こうした計画は、当然、子どもによる「人体実験、モルモット化」という批判を免れえないだろうし、すでにそうした批判も出ている。

これら一連のセミナーでは、国際原子力ロビー、もしくはＩＣＲＰの基準に異論を持った学者や研究者は、最初からみなパネラーリストから排除されている。

この会合には、以上のように、ノルウェー、ベラルーシの原子力推進派の海外ゲストも集まっている。しかし、これらの人たちもおよそ、内部被曝問題は無視してかまわないと考える人たちだ。ロシャールは毎回出席している。また丹羽太貫も同様である。汚染除去を盛んに行ない、あたかも放射能は洗い流せるとパフォーマンスし、その後は安全規制委員長に選ばれた田中俊一も伊達ダイアログセミナーに参加しているし[*8]、福島ステークホルダー調整協議会の東大名誉教授・安井至も参加している。安井至が運営に参加している福島ステークホルダー調整協議会は、「心の除染・福島国際会議」を企画しようとして漕ぎ着けなかった。若い仲間の半谷輝己が「ピーチ・プロジェクト」という、大阪府の子どもたちを福島に連れてきて、福島の桃を食べ放題食べてもらおうという企画も、住民の顰蹙を買って破綻したと言う。この半谷輝己も、青年たちの前で何を食べても大丈夫と主張してはばからない頑な内部被曝問題否定派である。おおよそ、内部被曝否定派の潮流でできているのが、現在の日本と世界の原子力ロビーなのである。内部被曝否定派というのは、要するに、広島や長崎、過去の無数の核実験の犠牲者、チェルノブイリでいまだに続いている、（現地の医療関係者などが放射性物質によるものと警鐘を鳴らす）ガンや白血病以外の様々な病気の発生の事実から何一つ学ぼうとしない人たちのことである。また穿った言い方をすれば、彼らは、こうした危険性を薄々認識しつつ、自分たちの役割は、住民を安心させること、そのために使う「嘘も方便」を堅く信じているのかもしれない。いずれにしろ、危険性は大したことはないのだから、住民を安心させるために働くことが自分の天命だ、と確信している人たちなのかもしれない。山下俊一氏も、そうした一人であるのだろう。

最新の情報、米国立ガン研究所とカルフォルニア大学サンフランシスコ校の研究チームが二〇一二年一一月八日発行の米国の専門雑誌《Environmental Health Perspectives》に発表した報告[＊9]によると、二〇年間に渡って、一一万六四五人のチェルノブイリ事故のウクライナの処理作業員を追跡調査した結果、低線量の被曝でも、白血病になるリスクが増加することを明らかにした。一一万六四五人に対して一三七人が白血病になり、うち七九人が慢性リンパ性白血病だった。

チェルノブイリの事故一五年後に、国際ガン研究機関がロシアの作業処理作業員を調査して白血病のリスクが増加していることを確認し、UNSCEARは、二〇〇八年と二〇一〇年の会議

＊8　このときの表明が「エートス・イン・福島」サイトに載っていて、これが驚くべきものである。政府が年間二〇ミリシーベルトの基準値をまた一ミリシーベルトに戻したことを怒っているのだ。
＊9　http://ehp.niehs.nih.gov/wp-content/uploads/2012/11/ehp.1204996.pdf

で、正式に認めざるを得なかった。こうしてじわじわと、事実が知られてくるのは、疑いがない。科学的事実は時間を追って、いずれ白日の下に晒されるのだろう。しかし、チェルノブイリの真実の追究は急がなければならない。二七年も経ったにもかかわらず、様々な独立系の研究者が優れた論考を提出しているのを、国際原子力ロビーは、いっさい無視しているのである。

この第四回会合に参加したドイツのＩＰＰＮＷ支部のメンバーは、この会議に対する批判として以下のような感想を書いている。

（……）現ＩＣＲＰメンバーのジャック・ロシャール指揮の下、ＩＣＲＰは、二〇一二年一一月一〇日伊達市の市役所で、放射能と学校教育をテーマにしたセミナーを開催しました。伊達市は福島市東部と接しています。この伊達市には小国（地区）と言う田園地帯が含まれるのですが、ここでは、場所によって原発周囲二〇キロ圏の閉鎖区域に匹敵する放射性物質の降下がありました。避難は行われていません。ただし子どものいる家族は市内に移り住み、子どもたちはスクールバスで小国（地区）の小学校に再び通いはじめています。子どもたちは線量計を携帯させられています。そして毎日三〇分間屋外でのスポーツを許可されているのですが、その間、線量計はロッカーにしまっておかれるのだと、私たちは聞かされました。

市役所に現れたのは、日本の学校の校長や官庁の代表者、大学教授、様々な団体の職員、ヨーロッパ、アメリカ、カナダのICRPメンバー、OECDの核エネルギー部門担当者の他、七名にも及ぶフランスの放射線防護原子力安全研究所（IRSN）の研究員たちでした。フランスは日本の過ちから学ぼうとしているのでしょうか。次の原発事故はヨーロッパ、ことにフランスで勃発する可能性が高いと危惧されていますから。ドイツからはOECDのミヒャエル・ジーマン一人が参加していただけでした。セミナーを聞きにきたのは一〇名強、発表者の数を大きく下回りました。

ある学校の校長は、発表のなかで、自分の学校では保護者と教師が協力して除染が行われた結果、現在の線量は〝ほんの数ミリシーベルトだけ〟になったと話しました。するとすぐに隣席の人が何か彼女の耳元に囁き、彼女は狼狽の笑いを浮かべながら、もちろん〝マイクロシーベルト〟のつもりだったと訂正しました。

JA新福島の代表者が、JAの行った測定検査の結果を紹介しました。〝ゲルマ〟（ゲルマニウム検知器）で一三〇分間の測定を行った結果、〝ほとんど何も〟検出されなかったとのことです。そして、特に東京の消費者は福島県産の作物を避けており、福島県の商標はひどい被害に遭っていること、また食品の基準値が二〇一二年四月に一〇〇ベクレル／kgに下げられたのも、農業にとっては重荷となっていることを発表しました。

それに応えて、マーケティング専門家が、小売店や末端消費者を啓蒙するためにツイッターを利用する方法について説明しました。デパートやスーパーマーケットは問題ではないからと言うことです。

もうたくさんです。これ以上こんな話を聞きたくないので、私たちは会場を後にしました。カナダからICRPの代表者がわざわざ〝福島県産の美味しいりんごや柿を楽しむために〟家族を連れて参加しにきたと言う場で、〝ほんの僅かな〟「マイクロシーベルト」や「ベクレル」でも、長期間に渡って濃縮されていくうちには健康被害を引き起こすのだと、どのようにして官僚や公務員を説得すればいいのでしょうか?

次回は郡山市で、これと似たようなプロパガンダ大会が、今度はIAEAの主催で予定されています。様々な市民団体が既に抗議運動を準備しています。


（訳：新居朋子）

アネッテ・ハック（通訳、日本学専門家）
トーマス・デルゼー（資格エンジニア、放射線テレックス編集者、ドイツ放射線防護協会メンバー、BUND〔ドイツ環境自然保護連盟〕の原子力放射線委員会委員長）による声明[*10]

彼らは、このセミナーの内容にあきれ果て、我慢しきれずに途中で退散したのだった。不幸中の幸いと言うべきか、この日は大した数の聴衆が集まらなかったようだが。

しかし、ジャック・ロシャールとティエリー・シュネイデールが、日本で〈エートス〉について語るのは、実は今回が初めてではない。情報を検索してみると、実は、国際放射線防護協会の

第一〇回目の国際会議は、二〇〇〇年五月一八日に広島で行なわれ、その時に終結しつつあった〈エートス2〉について、〈エートスのアプローチ〉と題して広島ですでに講演しているのである。チェルノブイリの一〇年後に、CEPNのロシャール、シュネイデール、ムタディスのエリアール＝デュブルイユは、共同で、この頃からずっと苛酷事故後の管理について、研究を重ねてきている。

「エートス・イン・福島」は市民による自発的運動なのか？

二〇一二年六月、知人のA氏から、福島で国際原子力ロビーが動き始めていることを知らされ、自称・いわき市で植木屋を営むという安東量子氏が主宰する「エートス・イン・福島」の活動情報を頂いた。A氏と同じように、私も直感が働いた。A氏もこの活動にやっかいな両面性──悪い方に転べば大きな懸案──があることを見抜いていた。

私は、最初、この小さな運動が、本当に住民主体の誠実で自主的な省察に基づくものかどうか、半信半疑だった。ほんとうに福島市民の主体的な動きなら、うかつな批判は控えておきたい、という配慮の気持ちが働いた。だから、最初は、すでに開始されていたジャック・ロシャールらの日本での活動を批判しつつも、あくまで、まずはベラルーシで行われた〈エートス・プロジェク

*10　*Strahlentelex*（「放射線テレックス」）Nr. 622-623, 26, Dez. 2012. www.strahlentelex.de

ト〉への批判、その問題点の抽出から始めた。ベラルーシの〈エートス・プロジェクト〉の実態について、充分情報が行き渡り、日本の社会的雰囲気が熟成し、世論一般が批判的な眼差しを向けるようになるなら、現在、福島で、ジャック・ロシャールを筆頭に、同じ主催者が、同じ組織を使って、同じ手口で始めている策略（ダイアログ・セミナー）を批判的に見てくれるだろう、そして「エートス・イン・福島」は（それがもし、ナイーヴな善意から始まったのだとしたら）消滅するか、方向転換するだろうと安易に展望していた。

ところが、安東氏は、私のベラルーシの〈エートス・プロジェクト〉への批判をすっかり自分の「エートス・イン・福島」に直接されたと勘違いし、慌てて反論を、いわき市議会議員の佐藤かずよし氏のウェブサイトに公開した。私はその内容、というよりは、あまりにも過敏に反応したその彼女の動きにこそ、何か裏があるのではないか、と予感せざるをえなかった。

そして、「エートス・イン・福島」の活動に目を向けてみると、様々な疑問が湧いてきた。彼らは、ＩＣＲＰの勧告１１１を推奨している。これはつまり、政府と同じ路線、国際原子力ロビーの路線と同じ道を歩むことを意味するわけだが、政府とは別の、住民主体の運動であるならば、これほど迷いのない決断をはたしてできるだろうか。またＣＥＰＮ所長、ジャック・ロシャールがこの「エートス・イン・福島」と、かなり早い段階から緊密な関係を持ち続けていたことが、このグループのウェブサイトを眺めていてわかった。ジャック・ロシャールについては、再度繰り返す必要はないだろう。原子力ロビーを体現しているＣＥＰＮ所長とは決して言わず、日本では名の知れた、比較的体裁のいいもうひとつの国際的権威の肩書き、ＩＣＲＰ委員として活躍している。ＮＨＫを始めとするメディアも、これらのセミナーに関しては、まさにいわれた通りの肩書きを掲載して、体制的報道しかしない。ＮＨＫが質の高いドキュメンタリーや報道番組を制作しているとはいえ、この場合、とりわけ、ニュース番組においては、「御用」放送局と同じで自立的な報道とは言えない（ＮＨＫは政治が絡むと、ひどい改竄番組を作ったり、政府の路線に対峙するような報道を自ら排した前科が幾度もある）。あたかも自発的な市民たちとの主体的な対話集会だと言わんばかりの報道で、目論まれたお膳立ての印象を免れない。それもそのはずである。日本のマスコミや学者、ひいては国民全般が国際的権威にはまるで弱い。フランスのＩＲＳＮにしても、日本から見ると、民主主義先進国フランスの、れっきとした客観的研究を行っている公的組織だと安心して受け入れてしまう。だが、この組織さえ、フランスの原子力ロビーの一角を形成している組織なのだ。善意の研究者はたしかにいる。しかし、いざ政治的問題がまとわりつくとなれば、今までの研究成果をしまい込んで、政権やロビーに楯突くことはしない。日本政府が、子どもの基準値二〇ミリシーベルトと最初に決断したとき、この組織の中の研究者の間では、これに対して、何か批判すべきではないか、という意見もあったそうだが、それがすぐ外交問題に発展するであろうことが予見されると、みな、矛先を鞘に納めることになる。逸話的なことだが、ピエール・ペルラン教授はフランスの放射線防護の権威で、彼がＩＲＳＮの前身である〈電離放射線に対する防護センター（ＳＣＰＲＩ）〉を作った生みの親だが、チェルノブイリ事故の時に、放射能の雲は、フランス国境を越えなかったと主張したのである。これは、後で真っ赤なウソであることが判明した。このときに真実を主張した科学者と市民たちが集まって結成したのが、フランスの市民による独立放射線測定研究所、クリラッド（CRIIRAD。正式名は、「放射能に関する情報と研究独立委員会」といういかめしい名称だが）である。この組織が福島の市民測定センター設立に、技術面で、積極的に大きな力を貸してくれたことは、記憶に新しい。おそらく、このペルラン教授は、放射能雲がフランスに来たことを充分、承知していたに違いない。政府の指導層との話し合いのなかで、このような表明をするよう、政治的判断がどこかで下されたのだ。日本政府が案じていたことと同じで、「このような真実の情報を流すと住民たちはパニックを起こすことになるだろう」という政治上層部による杓子定規の危惧なのだ。SPEEDIの汚染地図を当初、公開しなかったのも、不手際とか技術的問題ではなかっただろう。まず政治的判断が優先され、故意に公表させなかったに違いないのだ。大事件があった場合にまず政治権力が考えるのは、社会の秩序、治安の安定であり、パニックの封じ込めである。どのような政治体制であれ、社会の秩序をどのように保つかが大きな課題であることには違いない。それは必ずしも否定的な側面ばかりではないとはいえ、しかし、突き詰めてみるなら、国家というものは緊急事態の時には、個々人の生命をいとも簡単に犠牲にするのである。そうした構造体が国家だと言える。民主的であろうがなかろうが、国家という体制は、そうした犠牲の上に成り立っており、まず、彼らが考える秩序を優先するのである。

いずれにしても、今回の福島での事故で、国家が平気で棄民をするということが痛いほど分かった（あるいは分かりつつある）のではないだろうか。原子力委員会も、保安院も推進側の機関に過ぎず（つまり体制維持を図ろうとする政府の機関に過ぎず）、中立公平な判断を下す組織ではまったくなかったということを。

ところで、「エートス・イン・福島」の安東量子氏は、ＩＣＲＰの主催する第二回のセミナーからパネラーの一人として、参加するようになった。またダイアローグ・セミナーとは別に、「エートス・イン・福島」の催しとして、小さな勉強会を開き、ロシャールをパネラーとして招いている。だが、この両者の関係にどのような経緯があったのかはよく分からない。市民主体の運動だとしたら、なぜ政府と肝いりのセミナーに積極的に参加するのか。なぜ原発推進の政府が依拠する同じＩＣＲＰの勧告に依拠するのか。三回目のセミナーの後には、安東氏はノルウェー、ベラルーシに、あたかも個人の自由意志で旅行してきたかのように「エートス・イン・福島」のサイトには紹介されているが、第四回目のセミナーに招待された海外ゲスト（ノルウェー、ベラルーシのパネラー）たちに彼女が交じって発表することが、あるいは最初から計画されていたのではないか、と訝ってしまうほどの物事のあまりにもぴったりと合致した急展開がそこにある。とにかく、すべてがダイアローグ・セミナーの企画と歩調が取れすぎているのである。安東氏は、佐藤かずよし議員のウェブサイトに「『福島のエートス』の活動は、活動の経緯、また、資金面に関しても、原子力ロビーとは一切関係がありません。／なぜこのように申し上げるかと言いますと、福島県内で『エートス』活動を始め、行っているのは、私だからです。／ＩＣＲＰもジャック・ロシャール氏も関係ありません」、「ベラルーシでの活動と同じ名称を使っている、ということで、ロシャール氏が活動に興味を抱き、面識を得ることになりましたが、活動の主体は私であり……」と表明しておきながら、仏＋国際原子力ロビーを代表していると言っていいジャック・ロシャールと必要以上に緊密な関係になっているし、彼の送ってきている手紙、論考、資料などが、すべて翻訳されてサイトにアップされているのである。〈ＩＣＲＰ通信〉という日本のサイトでさえ、アップしていないロシャールの情報が満載なのである。その上、前述のウェブサイトにはないダイアローグ・セミナーのビデオまでもが観れるのである。活動の名称（「エートス」）がたまたま一致しただけで、私がこれまで論証してきたような、国際原子力ロビーの思惑と、これほどの同調をみせる活動が、原子力ロビーとは「一切関係が」ない活動だと嘯くにはさすがに無理があるのではないか。仮に、彼女が主張するとおり、ロシャールとの関係が事後的なものだったとしても、この現状を見る限りでは、事実上、「エートス・イン・福島」は、ＩＣＲＰの宣伝組織だと見なされても仕方がないだろう。さらに、彼女は、最近の情報によれば、偽名を使っていたことが発覚し、いわき市の〈庭園管理 植吉〉の鎌田陽子氏だそうだ。なぜ、わざわざ偽名を使って活動をしていたのか解せないが、彼女は、「京都大学アカデミックデイ」に、前出の京都女子大教授・水野義之氏とともに「一般出展者」として、どういうわけか唐突に、前出の実名・鎌田陽子で登場し、「放射線災害と住民の対話型勉強会」も行なっている（この出展のタイトルに準ずるなら、それこそ、これまでの活動名の「安東量子」として参加する方が適切ではなかっただろうか?·)。こうして見ると、私が、「エートス・イン・福島」は、その出発点においては、市民の発意によって始まり、それが、〈エートス・プロジェクト〉を現に福島で進めている、ICRPという看板を掲げる国際原子力ロビー（およびCEPN所長・ジャック・ロシャールの企み）に次第に同一化し、回収され、「エートス・イン・福島」がだんだんと〈エートス・プロジェクト〉が不可欠とする「主体的に参加する住民」の役割を演じはじめたのかもしれない、というもう一方の仮説の信憑性は、どうやらかなり低いようだ。

故郷を離れたくない、何とか住み続けたいと願う福島の住民の方々の気持ちには、心底、同情して止まないが、しかし、そのような人間的な、あまりにも人間的な心情そのものを破壊してしまうのが原発事故なのである。そして、そうした心情を利用して、放射能の健康への悪影響をないことにしようとする国際原子力ロビーの策略は許しがたい。それこそが、IAEA、UNSCEAR、WHO、ICRPなど多くの国際機関が、――国連機関、あるいはそれと提携する国際的組織の権威を盾にし、欧州委員会、大学、諸処の研究機関やNGO、またその他の国の公的機関を絡み取りつつ――行なってきた国際的犯罪であり、すでにチェルノブイリでも平然となされてきたのだということを、福島で起こりつつある出来事を経験しつつある私たちは、一刻も早く自覚すべきなのだろう。

事態が刻一刻と変化しているので、予断を許さないが、二〇一二年の一二月に行なわれた閣僚会議をみると、「エートス・イン・福島」は、言ってみれば、たかが知れた、まだ序の口の計画なのだ。これから本格的に、IAEAによって、除染だの測定だのが行なわれようとしているし、実は医療の権能もないこの組織が、福島医科大学と共に、放射線防護の枠組みを勝手に決めてしまうのだろう。広島、長崎でABCCが行なってきたことと同じことを、福島では絶対に繰り返させてはならないし、医療の枠組みは、日本人の医師による多元的な研究、そしてネットワークと、予防原則の下に、治療や調査研究の内容を定めていくべきであろう。だが、国際原子力ロビーの手で、知らぬ間に事態が進行し、そうした一方的な計画が政府や福島県政、そしてIAEAをはじめとする国際原子力ロビーにより、――県民が不在のところで――既成事実化し、押しまくられていくという、許しがたい事態が始まろうとしているのである。前章で述べたように、福島医科大学の三〇〇億円の新計画は、放射能汚染を「先端科学」という美名で惨事の結末を覆いつくし、忘れさせようとする〈ショック・ドクトリン〉にほかならない。

まとめとして　責任者の不在・過剰なる自己責任論・選択肢の不在

さて、この章では、ベラルーシの〈エートス・プロジェクト〉を中心に、〈エートス〉、〈コール〉、〈サージュ〉までの一連のプロジェクトを批判的に検証してみた。そして、それらの照射を通して、「エートス・イン・福島」の活動をICRPが行なっているダイアログ・セミナーとの関係性のなかで、批判的な視点から、考察してきた。

　私は、「エートス・イン・福島」の活動がベラルーシで、ジャック・ロシャールを調整役として行なわれた〈エートス〉以降の計画とまったく同一であると主張するつもりはない。また、金銭面に関しても、同じことが実際に行なわれているのかどうかはわからない。しかし、両者の類似点は多い。そして、この「市民による」運動が、事実上、ＩＣＲＰやダイアログ・セミナーの広報センター化していることも明らかである。市民を巻き込んだ彼女らの「お話会」の手法は、ジャック・ロシャールがベラルーシで行なってきた手法と基本的には同じものであるし、そしてなにより、エートスという同じプロジェクト名で、当のジャック・ロシャールとともに活動している事実は、偶然にしてはあまりにも出来すぎている。「エートス・イン・福島」が、ウェブサイトに紹介されている活動以外に、どのような活動をしているのか、その実態も不明瞭である。むろん、海外在住の私は、その現場に出向いて観察する手段もない。またこの会のイデオローグと称される〈buvery〉というハンドルネームで活動している人物も何者なのかわからないが、市民運動を自称するなら、正々堂々と顔の見える関係を作っていく方が、「エートス・イン・福島」の運動にとっても望ましいはずだ。

　ところで、この「小さな」運動は、総合的に見て、そして象徴的な意味でも、やはり決して放置できないものである。なぜならＮＨＫを初めとするメディアや地元を含むマスコミを通じて、彼女たちの運動が大いに宣伝されているわけであるし、その波及的効果や象徴的な意味合いは、取るに足らないことではない。すなわち、三〇パーセントほどしかネット利用者のいない福島では、テレビや地元新聞の影響力のほうがいまだに遥かに絶大なのである。

基本を忘れないでおこう。福島第一原発事故は、東電、そして原子力政策を国策として推し進めてきた国の全面的な責任である。たとえ稀有な天災が原因の一つであれ、多くの地震学者や専門家たちから一〇年以上前から原発震災が起こることを警告されていた。それにもかかわらず、政策を改め、エネルギーの転換をしようとしてこなかった国や開発側の東電の責任がまったく曖昧にされているのだ。司法は責任者追及の本来の役目を何も果たせていない。

そのことを押えた上で、たとえ、国際原子力ロビーの福島への動きとの連動的な意味合いを横に置いておくとしても、現在、未だ疎開裁判があり、また疎開を願う住民の方々がまだまだ潜在的にも多数いるなかで、この「エートス・イン・福島」運動は、現状を是認し、責任関係を曖昧にし、固定化させてしまう恐れが大きい。また原発事故の原因も究明できず、責任者も処罰されない中で、あたかも自然災害がやってきたように、自己責任で放射能対策をしなければならない、とするような行き過ぎた自己責任論がまかり通るのである。これは、イラク戦争時の拉致事件に際して、俄然、自己責任論が噴出したときと類似している。このときも国が憲法を犯してまでイラクに自衛隊を派遣したことが拉致の明らかな原因となっている。今回も、〈エートス・プロジェクト〉の推進者たちは、原子力の責任者たちであり、その彼らが自己判断とか、自己責任とかをのたまわるのである。同じ論調を「エートス・イン・福島」は引き継いでいる。まったく倒錯した話なのだ。こうした論理は、自己責任で判断しなければならないような状況に追いやった人災としての原発事故の責任を無化してしまうことになる。それは、すべてが受認論となり、仕方がないから自分で何とかやっていく、という許しがたい状況を作り出すのである。汚染地帯にいる住民にとっては、今からでも疎開はできるなら、遅すぎることはない。健康を考えるなら、疎開したほうがいいに決まっている。しかし、自己責任だといっても、疎開する／しないという選択肢は、本来は責任者である東電や国が責任もってすべての汚染地帯にする住民に与えなければならないものであるにもかかわらず、彼らは何もしないので、住民は選択肢すらない状況のなかで暮らさざるを得ない。このような状況が、現在の膠着状況を作り出しているのである。これは、まさに住民の隷属化であり、棄民に等しい。

「お話会」だの「ダイアログ・セミナー」だのに専門家として招かれている科学者たちは、ほとんどすべてが国際原子力ロビーに関わる人物であり、彼らの一元的、一方的な価値観を住民に押しつけておいて、自由な選択の余地はありようがない。世界中の原子力推進派の知恵が集まっても解決のできないほどの事故が起こった以上、多元的なあらゆる知性を結集させることが解決の糸口を開くと思われるのに、このようなことは、現在の国際原子力ロビーによるあからさまな「封じ込め」が着々と進むなかでは、けっして行なわれることはないだろう。

国際原子力ロビー、あるいは国際原子力ムラ——その「ムラ」をもと姿のまま変わらず維持すること——それが彼らにとって、住民の健康問題への配慮以上に、また、放射性物質による健康への影響をめぐるさまざまな説に耳を傾けること以上に、何よりも大事なことなのである。こうした状況下において、「エートス・イン・福島」のような運動は、それがたとえ住民からの自発的な提言であったと仮定したとしても、福島をはじめとする汚染地域に住む人々の不安を和らげる以上に、国際原子力ロビーの生命維持装置としての機能を、結果的に果たすことになってしまっていることは、覆い隠しようがないだろう。

疎開・移住を果たした人、あるいは、現在、理由の如何を問わず、汚染地域に住み続けている人たちに対して、私たちは、彼らが今後どのような選択をするにせよ、等しく支援の手を差し伸べる可能性をどこまでも探ること、そして、まだ原発事故から二年半しか経ていない現在においては、潜在的な疎開希望者（そこには当然、自ら疎開する手段を持たいない子どもたちも含まれるだろう）のためのあらゆる支援の方途を探ること——そのための想像力を欠かさないこと——、それが今何よりも問われ、求められていることではないだろうか。

第三章　内部被曝問題をめぐるいくつかの証言から

内部被曝問題を取り巻く知的環境は、分断されている。日本でも世界でも同様である。国際原子力ロビーやその周辺の学者は、内部被曝がある事実を認めたとしても、それは、最終的に重大なことではないとして否定し、その結果、現実を否認してきた。内部被曝に苦しんできた犠牲者は、広島・長崎の原子爆弾や世界各地の核実験に曝された人たちにも、そしてウラン鉱山や原子力発電所の労働者たちにも明らかに認められる症状であり、独立系の科学者たちによって指摘されてきたにもかかわらずである。スイス人医学者ミッシェル・フェルネクス博士がよく引用する例にタバコ産業の例がある。

独立系の専門家や研究者の間では、たばこが肺がんを誘発する大きな原因の一つであることを早くから知っていた。しかし、国際原子力産業と同じく、世界のタバコ産業ロビーの圧力のために、この事実が世界的に認められるのに多大な時間がかかってしまった経緯があった。いずれにしても、専門家は金の力、政治的圧力に、人々が想像している以上に、簡単に屈してしまうものなのである（もちろん、タバコの問題を、チェルノブイリや福島の、厳密な意味において国家による放射能拡散問題と直結させてしまうのは、権力への問いを思考するうえでは慎重にならざるをえない。しかし、ここでは、あくまで「例」として、タバコ産業と「科学的真実」、またタバコ産業ロビーがＷＨＯへどのような圧力をかけてきたのか、その力の関係を述べた）。

この章では、チェルノブイリの過去と現在から学びながら、福島でこれから生起していくであろう内部被曝に関わる様々な問題を、彼らの証言から聞き取り学ぶことによって、考えたい。

そのため、ベラルーシで、チェルノブイリ原発事故の火消し役として活躍し、またその後、大きな知的転換を遂げて、犠牲者たちに残った生涯を捧げ尽くしたワシーリ・ネステレンコ教授（二〇〇八年没）、同じくベラルーシ人で、初めて内部被曝の問題を解剖病理学的立場から長い間研究して来たユーリ・バンダジェフスキー博士、その連れ合いで小児科医、心臓科医のガリーナ・バンダジェフスカイヤ、またミッシェル・フェルネックス博士の証言から、多くの示唆を得た。後者三人には、ジュネーヴやフランスの各地で、私自身、お会いして話を聞いたことがある。

原子物理学者ワシリー・ネステレンコ

ネステレンコは、当時、まだソ連邦の一部だったベラルーシにおいて、科学アカデミー会員、核エネルギー研究所の所長で、同時にベラルーシ最高議会の議員でもあった。ソ連において第一級の核物理学者で、ソ連軍のために仕事をしていた。彼が開発した運搬可能な小さな原子炉は、軍事用原子炉としてソ連の核設備にとって欠かせないものになるはずだった。そのため、後日、ドイツの放射線生物学者でオットー・フーク放射線研究所所長エドムント・レンクフェルダーから、彼は原子力推進派だと非難されたこともあった。たしかに、チェルノブイリ原発事故が起こるまでは、ネステレンコは、原子力技術の進歩を信じていたのだろう。またソ連の米国に対する軍事的防御態勢を支援していくことを、トップの科学者として当然の任務と考えていたことだろう。彼の開発したこの小型原子炉が実現されようというその時に、チェルノブイリ原発事故が突然起こったのだ。そしてこの惨事による衝撃は、彼の人生を一変させた。とりわけ、この事故は、原子炉を使った実験をしようとしていた時に、人的過失によって起こったことなのだから、衝撃は大きかった。彼は放射能の怖さ、その影響の強さも熟知していたであろう。

彼は、事故直後、ベラルーシの原子力最高責任者の一人として、事故を起こした原子炉の上を、液体窒素を投下するために、ヘルコプターで飛んだ。そのため、彼はその時、かなりの被曝をしていたはずだ。そのときの彼を含むヘリコプター乗員四人のうち、三人はすでに亡くなった。ネステレンコ自身が、八〇万以上とも一〇〇万とも言われる、かの有名なリクビダートル（事故処理作業員）の一人だったのである。もし大量のリクビダートルたちが決死の覚悟で火災を止める処理作業を行わなかったとしたら、チェルノブイリの放射能は、ヨーロッパ中を襲っただろうと言われている。

事故時に、彼は周辺住民への即座の安定ヨウ素剤の配布を要求したが、当局から住民にパニックを引き起こすと、拒否された。ついで彼はポーランドの同僚にもすぐさま連絡し、すぐヨウ素の錠剤を配布するように促した。そのため、ポーランドでは錠剤の配給が一定の地区には即実施され、比較的、甲状腺ガンのリスクを避けることができたと言われている。

ネステレンコは事故の初期の段階から、モスクワ・クレムリン首脳部の対策に異議を唱え、原子力研究所内に情報収集チームを設け、その情報によって、クホイニキ、ナロヴリア、ブラギンなど、すでに退避がはじまっていたそれらの周辺地区も含む住民を一〇〇キロ以上離れたところへ避難させるよう強く進言したことから、逆に、首脳部から、ネステレンコは不安を煽り、パニックを引き起こす人物としてマークされ、一九八七年七月に、原子力研究所の所長職を罷免された。しかし、彼は主張を曲げずに行動するので、ＫＧＢは彼を尾行し、諜報し、自動車事故を装って、二度も暗殺を試みるが失敗した、という。奇跡的に軽傷で助かったネステレンコは、その後も、脅迫電話を何度も受け取った。

こうして、ネステレンコは諸用でモスクワに足を運ぶ度に、二つの大きな問題に突き当たった。一つは、モスクワ中央政府の蔓延した無責任さ、そして子どもたちの被曝の拡大である。この二つが、彼の人生を大きく変えた。彼はそうしたことを経験する中で、自分自身の「知的革命」を果たしたのだという。[*1]

ベルラド研究所[*2]

当時、旧ソ連の中央集権性の強大な連邦国家体制の中では、真実を明かすことが不可能だということを悟ったネステレンコは、自分の名誉やキャリアを投げ打ち、こうした脅迫やソ連中央政府によるいやがらせ、弾圧にもかかわらず、一九九〇年に、国立研究所での研究活動をすべて放棄して、汚染地域の子どもたち五〇万人を救済するために、独立放射能測定研究所ベルラド（Belrad＝ベラルーシ放射線安全研究所の略称）をミンスクに創設した。この創設は、ソ連の原爆の父とも称される核物理学者アンドレイ・サハロフ、チェスの世界チャンピオンのアナトリー・カルポフ、また作家のアレス・アダモヴィッチからも賛同を得た。彼はソ連の人民から多くの恩恵を得てきたと感じていた。自分が高等教育を恵まれた環境で受けることができたのも、そして研究を続けてこられたのも、またアカデミー会員となって官舎を借与してもらえたことなども、人民のおかげだと信じていた。彼はチェルノブイリ事故で苦しんでいる人民を助けるために、自分の能力と知能を最大限使うことは義務だとさえと感じていた。また彼は、「チェルノブイリの事故後、原子物理学の研究をしている時ではない。人民を支援し、汚染地帯に暮らしている住民を放

*1　ウラディミール・チェルトコフによる証言
*2　http://www.belrad-institute.org/

射能から守るために働くべきだ」と考えたが、科学アカデミーは、彼の活動は国家権力維持のために障害となると判断し、彼を排除をしたのである。こうして次第に疎外され、アカデミー会員で生活に困窮する学者は彼一人だけになった。ネステレンコは真実のデータを政府に送ったが、機密扱いにされた。一九八九年五月に、ソ連は、ゴルバチョフのペレストロイカ政策により、国家機密法を取り除いたが（グラスノスチ＝情報公開）、ネステレンコの汚染データは発表されなかった。それは、政府を崩壊させかねなかったからだ。当時のモスクワの御用学者（と呼んでも差し支えない）Y・A・イズラエルとL・A・イリーンは、モギレフ地方には汚染はないと言い張った。彼らは最後までチェルノブイリの影響を過小評価した科学者たちである（ちなみにイリーンのチェルノブイリ報告の翻訳[*3]を監修したのが、重松逸造と長瀧重信である）。しかし、ネステレンコは、データを持っていた。そしてそれを明らかにすべきだと考えていた。しかし、そのような姿勢を貫いたため、その後、彼は原爆の父でノーベル平和賞を受賞したアンドレイ・サハロフと比肩されることになる。

その後、ネステレンコは、一九九〇年までに、汚染の最も酷い地域の各所に地域測定センターを設立しはじめ、最後には三七〇ものセンターを配置して、データを集めた。またそこで働くための測定技師の養成にも取り組んだ。そして、体内汚染をしている子どもたちの放射線量を軽減させるための方法を検討した。というのも、汚染地帯の子どもたちは、場所によって線量のちがいはあるにせよ、同じ地域で生産された汚染食品を食べていたからである。とりわけ、ホールボディー・カウンター（ＷＢＣ）で身体全体の線量を測定し、そのレベルに応じて、りんごペクチンをベースとしたサプリメントによる治療を二週間ごとに行なう治療法を実践して、少しずつ効果を上げている。

ペクチンは、りんごの皮や種、また海藻の中にも含まれており、ソ連時代から、核戦争の準備において兵士の防護のためのサプリメントとして使われており、また重金属の排出にも効果があることが一九五〇年代から知られていた。むろん、ペクチンの排泄効果は限られたものであり、すべての放射性物質がすっかりきれいに排出されるわけではない。

ホール・ボディー・カウンターは、欧米の市民団体からの寄付金で購入された。またこれらの支援団体のおかげで、子どもたちに、汚染のない地域で三週間の滞在をさせ、汚染のない食品を食べる保養休暇が実行されている。体内の放射能汚染を軽減するには不可欠な療養なのである。これは現在も継続して実行されている。

ネステレンコのこれらの活動も、ユーリ・バンダジェフスキーとの出会いがあったからこそ、単なる測定収集ばかりでなく、放射能の蓄積度と身体症状や臓器との関係が少しずつ解明され、

＊3　Ｌ・Ａ・イリーン『チェルノブイリ　虚偽と真実』重松逸造・長瀧重信監修、長崎・ヒバクシャ医療国際協力会刊行、一九九八年。長崎・ヒバクシャ医療国際協力会というのは、長崎県、長崎市、長崎県医師会、長崎市医師会、長崎大学、長崎大学医学部、長崎大学病院、長崎大学大学院原爆後障害医療研究施設、日本赤十字社長崎原爆病院、（財）放射線影響研究所、（財）長崎原子爆弾被爆者対策協議会、（財）長崎平和推進協会で構成されており、山下俊一、高山昇など、長崎大学系の研究者が多い。

暫定的とはいえ、一つの新たな治療法の確立に繋がり、また低線量被曝の科学的解明の新たな地平が開けたのである。

ユーリ・バンダジェフスキー、ガリーナ・バンダジェフスカヤ夫妻の研究

ユーリ・バンダジェフスキーは、チェルノブイリ原発事故から一年後の一九八七年、ベラルーシの中央科学研究所（The Central Laboratory of Scientific Research）所長に就任した、三〇歳の若き秀才医学者だった。彼は、そのとき、すでにベラルーシ科学アカデミーと厚生省に対して、総合的な医学調査のプロジェクトを提案していた。彼は、それまでに行われた作業が充分だとは思われず、この惨事に関連する医療的問題に、自分の知見を行使するのは、医者の職業的義務だと感じていた。一九九〇年に、中央科学研究所所長として立派に活動していたグロドノ州を去り、南部のより汚染の高い地方で暮らす住民を助けるために、ゴメリ州に赴いた。総合的な医学調査のプロジェクトは受入れられなかったが、当地の新設された医科大学の学長に指名された。

一九九二年以降、バンダジェフスキーは、計量できる現象に重点を置いて、研究を進めた。研究室で、汚染された麦とパンによって飼育されているネズミのグループを二組作り、一つのグループには一キロあたり四〇〇ベクレルの食品（一九九六年当時、この量の汚染食品を食べることが許可されていた）と、二つ目のグループは、四〇ベクレル（当時まだゼロ・ベクレルの食品はなかった）で

飼育して、その実験報告は一九九五年にゴメリで刊行された。一〇日間経過すると、動物は六〇ベクレル蓄積し、行動に変化が見られる。二〇日経過すると、セロトニン[*4]の分泌が緩慢になる。また他の生物学的な機能も異常をきたしてくる。このような変化を外部被曝で起こそうとすると、相当な量の外部被曝を与えねばならない。そこに、外部被曝と内部被曝の差異が現れる。こうしたことには、外部放射線を扱う放射線科医は鈍感だ、とバンダジェフスキーは語る。他の例を挙げると、体全体で一〇〇ベクレルの負荷があるとすると、心臓は二五〇〇ベクレル、腎臓には一五〇〇ベクレルというふうに、異なって蓄積される、つまり放射性核種は、体内に均質的に蓄積されるのではなく、臓器によって異なる濃縮度を伴って、蓄積されるのだ。要するに、セシウムは、臓器によって不均等に侵入するのである。

ヴェトカに住む子どもたちの二〇―二五パーセントは体重一キロあたり五〇ベクレルの被曝をしている。五〇ベクレルくらい何でもないと思うかも知れないが、彼らの多くは白内障になっているという。これらの疾患と放射能の関係は、それまで取り上げられることは稀だった。バンダジェフスキーは、こうした臨床解剖学的な研究によって、放射能による疾病研究の新たな方向性を示したと言えるだろう。

ネステレンコは、一九九四年にユーリ・バンダジェフスキーと出会う。彼は、一九九一年から

＊4　動植物が持っている生理活性アミン、インドールアミンの一種。生体リズム、睡眠、体温調節などに作用する。

二〇〇〇年まで、妻の心臓科医で小児科医のガリーナ・バンダジェフスカヤとともに、内蔵の必須臓器（生命維持に必要な臓器：脳、心臓、肺、肝臓、膵臓、腎臓）にセシウムが異なった比率で蓄積することを発見した。例えば心臓の形態的、機能的異変の頻度と重症度が臓器の中に蓄積されたセシウムの量に比例していることを彼らは発見したのである。それは、ガン以外の重要な病気——しかもこの種の心臓疾患は突然死をもたらすため、ガン以上に重大な病気と言えるかもしれない——が、放射能によってもたらされていることを意味する重要な発見であった。それは、ある日の夜、妻が寝静まった後、バンダジェフスキーは、ガリーナが収集した心電図のデータと、自分の解剖による臓器のセシウム線量のデータを見比べているうちに、心電図の異常と、セシウム線量の間にある相関関係が存在することを発見したのである。彼はそれを、「セシウムによる心筋萎縮症」と命名したが、そのうち、きっとこの相関関係を表す病名にはバンダジェフスキーの名が冠せられるに違いない。こうした幼児、青年、成人すべてに見られる心筋の退行性障害によって、突然死があらゆる年齢層を襲う可能性があるのだ。バンダジェフスキー夫妻の研究によると、体重一キロあたり五〇ベクレル以上の放射能汚染を体内に受けると、取り返しのつかない損傷が現れる、という。

一九九六年から、ゴメリ医科大学とベルラド研究所は、共同作業を始めた。ゴメリ医科大学は教員二〇〇人—三〇〇人の非常勤講師と一五〇〇人の学生を擁している。ネステレンコは測定所のホール・ボディー・カウンターのデータを収集し、解析し、バンダジェフスキーは、解剖によって必須臓器のセシウムの分布状態を研究した。ネステレンコは、ベルラド研究所で制作したガンマ線測定器をゴメリ医科大学に与え、調査している臓器の一キロあたりのセシウム137の測定ができるようにした。動物実験を通して、ベルラド研究所とゴメリ医科大学は、低線量（二〇ベクレル／kg以下）なら、必須臓器に不可逆的な影響を与えるのを回避できることを検証できた。

一九九〇年代後半、冤罪をかけられる前に、バンダジェフスキーは、CEA（仏原子力庁）の招きを受けて、このことを書いた自著を紹介するために、フランスに講演しにきた。CEAやIPSN（核防護防護安全研究所、IRSNの前身）でレクチャーを行なった。フランス人職員たちは、たいそう真剣に聞いていたという。彼らはモスクワ上空の大気の汚染地図をバンダジェフスキーに寄贈し、彼は、自分の一九九六年にまとめた研究の成果を残していった。そして、彼らと共同で研究を継続する覚書に署名しあった。研究の柱は体内臓器に及ぼす放射性核種の影響だった。一九九六—九七年にかけて、フランスの二つの組織の研究者たちは、ゴメリとパリの間を往復した。彼らは、ワーキング・グループやセミナーにも参加した。それが突然、両者の関係が冷却した。

当時、フランスの原子力関係の諸機関の大きな改編が行なわれていた。IPSNは、当初、原子力庁内の管轄機関であったが、チェルノブイリ事故後の影響もあり[*5]、一九九〇年代初頭に原子

＊5　厚生省の中に一九五七年に設置された電離放射線防護の中央局（SCPRI、ORPIの前身）の生みの親だったパリ大学医学部教授ピエール・ペルランが、チェルノブイリ事故の時に、放射能の雲はフランスの国境を越えなかったと表明し、後でそれが虚言だったことが暴かれ、大問題となったことは前出のとおり。

力庁から独立したが、その後、ＯＰＲＩ（電離放射線防護局）と合併して二〇〇一年にＩＲＳＮ（放射線防護と原子力安全研究所）となり、一見、原子力庁とも原子力安全局とも独立したかに見えるが、産業省、環境省、厚生省、科学研究省と防衛省の監督の下にある。監督者が監督される者と同一ではいけない、という認識のもとでの、事実上、形式だけの改編である（つまり、福島での事故後、日本政府内でも同様の改編が行なわれつつある）。こうしたフランスの諸機関の改編の動きについて、むろん当時のバンダジェフスキーは分かっていなかったが、フランスの関連科学組織の二面性は、独立性を保つという意味で、まったく絶望的とは言わないまでも、国策として国が主体となって原子力推進をしている以上、陰微な人事的関係を避けて通ることは、難題であった。

一九九九年春、ネステレンコとバンダジェフスキーは、ベラルーシ議会の招きに応じて、被曝線量登録台帳を査読し、厚生省の放射線医学研究所の国家予算がチェルノブイリ事故の健康への影響を研究するために、どのように使用されたかを監察する委員会の委員となった。彼らの結論は、厚生省に近い委員会を喜ばすことにはならなかった。ネステレンコとバンダジェフスキーは、省の研究所前所長Ａ・ストジャロフと、個別の報告書に署名して、国民の健康の最高責任者であるベラルーシ安全評議会に提出した。安全評議会は、厚生省の台帳を抜き取り、三人の報告者の結論に基づいて再度、緊急に検討しなおすよう指示を出した。バンダジェフスキーは、ルカシェンコ大統領に報告書を提出し、放射線研究所の事業の方向性と予算の使い方について厳しく批判し、一九九八年には、支給された一七〇億ルーブルのうち、一〇億ルーブルしかチェルノブイリのために有効に使われていないと報告した。すると、厚生省の三つの委員会は、続けざまに、ゴメリ医科大学を一九九九年五月に監察し、反撃に出たが、運営の違反を発見することはできなかった。

バンダジェフスキーの逮捕と冤罪

ベラルーシ大統領（一九九四年―）アレクサンドル・ルカシェンコは、実のところ、原子力推進派で、ほとんど独裁的といっていい体制を敷いている。二〇〇四年には憲法に明記されていた三選禁止条項を撤廃し、現在では四選を果たしている。[*6] また二〇〇〇年にはベラルーシ・ロシア連合国家最高国家評議会議長に就任した。彼の真意は、原発を建設し、汚染地帯にはもはや放射能の影響はないとし、住民をもとの場所に戻すことである。

一九九九年七月一三日夜、突然、バンダジェフスキーは自宅で、ルカシェンコ大統領からの通達により、テロリズムの容疑で逮捕される。この、あからさまな冤罪を被せられたバンダジェフスキーの裁判は、ベラルーシ最高裁軍事法廷で、二〇〇一年二月一九日から始まり、六月一八日に結審した。それはまるでスターリン時代のような裁判で、何の物的証拠もないにも拘わらず、汚職の罪で八年間の強制収容所送りの重刑を言い渡された。バンダジェフスキーが汚職をしたと証言したヴラディミール・ラヴコフも同時に罰せられたが、異議申し立てをした。というのも、

＊6　四選以降、ベラルーシ経済は悪化し、ロシアに併合されそうな状況である。

通報者ラヴコフの証人として出頭した女教員A・L・チャミチェクは、一万一〇〇〇ドルを手渡した所を見たと取調中、証言したのだが、裁判では、彼女はそれは脅かされて言ったものだと告白した。

ユーリ・バンダジェフスキーは、裁判の最後まで、証拠なしに自分が罰せられるとは夢にも思っていなかった。最後には、無罪放免されるだろうと信じていたのである。しかし、非情な運命が彼を待ち構えていた。求刑九年（懲役八年）という冷酷な冤罪が、明確な証拠もなく言い渡されたのだ。これはまったくもって仕組まれた罪であった。

ＯＳＣＥ（欧州安全保障協力機構）は、この裁判には、ベラルーシ司法法典に照らし合わせても八つの違反事項があり、法を守っての裁判というよりは、見せしめ裁判（判決）であったと判断した。そのため、これらの違反事項を再検討するよう、ベラルーシ政府に勧告した。アムネスティ・インターナショナルは、バンダジェフスキーの逮捕を「政治犯（人権侵害）」であるとし、彼の解放を訴えた。欧州議会は彼に「自由のためのパスポート」を発給し、彼が研究を続行できるよう、ベラルーシ政府に要請した。国際的な連帯支援活動も行われ、西側の支援者は陳情し、科学者、知識人たちは署名運動を展開した。支援者として名を連ねたのは、たとえばミッシェル・フェルネックス夫妻、核物理学者ロジェ・ベルベオーク夫妻、ＧＩＳＥＮ（原子力情報のための科学者集団）、ダニエル・ミッテラン（元仏大統領夫人）、ＩＰＰＮＷフランス（核戦争防止国際医師会議フランス支部）会長・アブラアム・ベアール、ＷＩＬＰＦ（平和と自由のための国際女性連盟、ソランジュ・フェルネックスが会長）などだが、ＣＲＩＩＲＡＤ（放射能に関する調査および情報提供の独立委員会）も二〇〇一年二月から支援の輪に加わった。

バンダジェフスキーが最初に拘留されてから五ヶ月半後の一九九九年一二月二七日、国際世論の影響で、彼は一時釈放された。刑務所の前で待っていたのは、ネステレンコだった。彼のベルラド研究所にバンダジェフスキーを正式な研究所員とするため、受入れ体制を整えていた。ネステレンコは、バンダジェフスキーの妻ガリーナにも、ベルラド研究所で仕事するように勧めた。このようなことがあった以上、落ち着いてゴメリで生活を続けられるとは思わないと忠告した。

彼が指揮していたゴメリ医科大学はまだそのまま運営されているが、チェルノブイリに関係する研究プログラムはすべて中止になった。当局は、教員数を減らし、規模を縮小し、大学そのものを閉鎖しようとうかがっていたが、閉鎖させることはできなかった。

二〇〇一年、当時のＯＰＲＩ（電離放射線防護安全局）の会長で、ガン専門医、ジャン＝フランソワ・ラクロニックは、バンダジェフスキーの研究について次のように、取材に答えている。

実際、あれは、全く真面目に受け止めるべき興味深い資料だ。これを否定するのが難しいという意味で、厄介な研究である。ここの職員はみな彼の仮説を知っている。これについて、私たちは語り合った。私の同僚たちは、バンダジェフスキーに会いにいくためにゴメリにもミンスクにも行った。この人は、国際センターを作りたいと欲していたようだが、そのための資金が求めていたようだ。そのためには、時として、もっともピューリタン的精神を越えて、ことをなさねばならない時もある。そのことが、彼とその政府のあいだの難題を生み出した原因だったのではないかと思っている。しかも、あの論文が国際科学学界でうまくパスできないのは、自分で、自分の論文をオリジナルと称して刊行することを選択しまったせいだ。私が見た論文は非常に良くできているし、西洋の書式に合致しており、略歴もつき、彼が取り上げた問題はきちんと医学論文として立脚している。ある人が死に、その人の臓器からセシウムが検出されたので、その人物はセシウムにより死んだのだという彼のテーゼは、科学的な仮説だが、その因果の関係は明かされていない。しかし、これは説得力のあるものだ。あらゆる科学的仮説と同じように、私はこれを真剣に受け止めるべきだと思う。この仮説が他の人によって証明され、追認されねばならない。個人的には、私はバンダジェフスキーの仕事を真剣に扱い、「科学的に認知されていない」という前に、私は、他の研究チームが同じ仮説に立って研究し、それを再現し、あるいは否定しなければいけないだろうと、主張したい。

この発言について、『真実はどこに?』の監督・ウラディミール・チェルトコフは次のように、コメントする。

もし、ラクロニックが、［彼が取材で発言した通りに］他の研究チームがバンダジェフスキーの仮説を再度実験し、それを追認するか、否定するかを考えているなら、それは称賛に値するが、現実にはそうならなかった。どこの研究チームも、これを行ない公表したためしがない。あるいは秘密裏に行なったかである。病気の因果関係はバンダジェフスキーによって確かめられているし、それこそがこの「非常に良くできている」論文の主要な関心事である。ラクロニックはおそらく、ベラルーシの政治的背景や、バンダジェフスキーが〈犯した〉という犯罪性を、二〇〇一年六月一八日の裁判所の結審以前に、あのような形で裁定する法治国家としてのこの国（ベラルーシ）の性格をあまりよく知らなかったのだろう。人権の国から来た市民が、医学の同僚に対してとる態度としては、とてもふさわしいとはいえない。ラクロニックに言わせると、バンダジェフスキーのオリジナリティは、自分の論文を故意に自分で刊行した（学者としては当たり前の）態度にあるらしい。

パリのピチエ＝サルペトリエール公立病院の放射線医療の医師で、UNSCEAR（国連科学委員会）のフランス代表、アンドレ・オーレンゴは、「バンダジェフスキーの研究は古典的な科学方法によって記述されておらず、意見を表明することが非常に難しい。彼の方法論はひどく蒙昧で、彼が監察したことを理解することができない。どのように観察したのか、どれが比較対照グループなのか分からない。（……）バンダジェフスキーの記述したものは説得力がなく、方法論的脆弱さを鑑みると、真面目な国際的雑誌は彼の論文を取り上げることはないだろう」と語る。ただし、この人でさえ、バンダジェフスキーが、国際原子力ロビーへの異論を展開するからといって、彼の言論の自由を認めないのは許しがたく、彼の解放運動に署名するのはやぶさかでない、と表明しているのだ。

チェルトコフは、ラクロニックとオーレンゴの意見のあまりの隔たりに、彼らはほんとうに同じ論文を読んだのだろうか、疑いたくなるほどだ、と驚いている。また、当初は、バンダジェフスキー論文を読んだフランスのＩＲＳＮの研究者の大半が彼の論文を理解し、その重要性を認めたからこそ、覚書を交わして共同研究をしようというところまで発展したはずなのだが、内部の様々な政治的理由によって、公的科学界が、こうした研究の継続の必要性を消極的にしか考えず、無視を決め込んだことに激怒している。

もっともなことだ。単に個々の研究者の意思や組織の公正性を批判することはむろんできるのだが、しかし、私から見ると、これらは推進派の政策の遂行による帰結であり、巧妙に組織的に仕組まれた策略の連関の中で生まれていることがらでもあるのだ。実際、こうした公的組織の中には、誠実で善意のある研究者や専門家がいることも事実である。だが、彼らが関与している研究対象が、政治的意味合いを帯びるやいなや、みな沈黙してしまうのである。それももちろん、保身のためであるし、組織のヒエラルキーに反抗しないためでもある。

抹殺されたアップル・ペクチン

ペクチンは、りんご、カリン、すぐりの実、海藻にも含まれる。料理では、ジャム、ゼリーなどのゲル化剤、安定剤として使われる。医療では、イオン交換作用があることから、以前から、旧ソ連では、重金属、放射性核種などの吸引剤として使われていた。二〇〇三年の段階でも、ロシアでは、厚生省が、救急病院センターなどに、原子力産業、重化学工業で働く労働者の取り込まれた放射性核種、重金属排出に、ペクチン剤〈ゾステリン－ウルトラ（Zostérine-Ultra）〉を使用するよう推奨している。

WHO、FAO（国連食糧農業機関）は、一九七三年から二〇〇六年まで、ペクチンに関する多くの研究をし、報告書を出しているが、否定的な意味合いで引用されたのは、血液中のルテイン（六〇〇以上あるカロテノイドの一つで、生体内では酸化防止剤として作用する）を吸収してしまう可能性について疑問が残ること、それを膨大な報告書の中、たった八行だけ疑問を呈したに過ぎない。

ワシリー・ネステレンコは、ゴメリで、二重盲検法によって、六四人の子どもの臨床試験を行い、一つの非操作グループは、ペクチンを朝と夜、二度摂取し、他のグループは、プラシーボ（偽薬）を与えた。証明グループの子どもたちは、セシウム137が六二・六パーセント減少したのに対し、他のグループは、一三・九パーセントだった。この臨床実験の報告は、スイスの権威ある医学雑誌『スイス・メディカル・ウィークリー』（二〇〇四年、SMW134：24-27）[*7]に、ワシリー・ネステレンコ、アレクセイ・ネステレンコ、ヴラディミール・バベンコ、T・V・イェルコヴィッチの連名で公表された。

この報告は被験対象者が六四人と少ないのがネックだが、現在まで、その論考に反論する実験報告は出ていない。

ネステレンコとベルラド研究所は、〈ヴィタペクト〉というりんごの皮を乾燥させてそれをプレスし、濃縮したものからペクチンを抽出して製造した栄養補給剤だ。現在、新たに開発した〈ヴィタペクト2〉は、ペクチンによって排出されてしまう可能性のあるビタミンをさらに加えて配合し、現在でも、様々な保養所で使われている。ベルラド研究所のデータでは、二四―三〇日の療養法で、放射性核種の減少が、四〇―九〇パーセントあることが観察されている。二〇一一年の一年間で、ベルラド研究所は、二万五八六〇回のホール・ボディー・カウンター測定を行ない、一万三五八七個の〈ヴィタペクト2〉が子どもたちに配給された。そしてデータの収集も同時に行なわれている。こうした経験によって、ペクチン使用が放射性核種の排出に役立っているとベルラド研究所は判断しているのだ。

残念なことに、このサプリメントが、時として、あたかもベルラド研究所が金儲けのために開発したとみられ、ネガティブ・キャンペーンを張られてしまうことだ。しかし、このペクチン剤は、ベルラド研究所設立当初から今日に至るまで、子どもたちに無償で配給されているのである。

それはヨーロッパの様々な市民団体からの寄付金によっている。このように、ベルラド研究所は、ヨーロッパの環境団体や健康問題専門の市民団体の僅かな寄付金で、活動資金をつなぎ止めているに過ぎない（さらに誤解を避けるために書けば、われわれは、ペクチンのみが、放射性核種を体外へ排出する効果をもつ、と考えているわけではない。たとえばオリハ・V・ホリッシナ『チェルノブイリの長い影』によると、ウクライナ議会は、二〇〇二年に、「放射能汚染地域の予防衛生プログラム」の一環として、ウクライナの住民が比較的安価に手に入れることができる「マリアアザミ」というサプリメントを、「予防的治療効果剤」として採用したようである。[*8] 今日、医学的研究として必要なのは、このように、多角的な視点から、放射性核種排出のためのあらゆる医学的方法を探究することである）。

バーゼル大学医学部名誉教授ミッシェル・フェルネックスは、日本は海藻が豊富なのだから、海藻をベースにしたペクチン剤を開発できるのではないか、また薬剤的な開発能力は、日本の製薬会社はそのノウハウを充分持っているはずだと、コメントしている。

ペクチンに関しては、様々な論争が当初からあった。それは、ドイツのオットー・フーク研究所のエドムント・レンクフェルダー教授、そしてこの研究所の事務局長クリスチーヌ・フレンツェルによる批判である。彼らは、ネステレンコが厚生省の線量台帳を批判することをよしとせず、

＊7　以下からダウンロードできる。（英文）www.smw.ch/docs/pdf200x/2004/01/2004-01-10223.pdf
＊8　オリハ・V・ホリッシナ『チェルノブイリの長い影』西谷内博美・吉川成美訳、新泉社、二〇一三年、七八頁以下を参照。

ベルラド研究所を創設したことに対しても、誹謗中傷を繰り返している。そしてネステレンコを原発推進派だと非難している。彼らはネステレンコ自身がチェルノブイリ事故によって、知的革命を成し遂げたことを理解せず、昔からの体制側の核推進派物理学者と誤解していたようだ。レンクフェルダー、フレンツェル両氏は、前章で私が批判的に検討した〈コール・プロジェクト〉にも参加している。そして〈コール〉での会合でも、ペクチンの可能性について、否定的な見解を述べている。そのため、ネステレンコは、〈コール・プロジェクト〉に放射線防護の専門家として参加を認められてはいたが、ベルラド研究所が期待していたペクチンによるサプリメントを使った治療法に対する助成はすべて拒否されてしまった。

しかし、レンクフェルダーはペクチンに関して、一本も学術的な論文を書いていない。そしてベラルーシのルカチェンコ大統領からもっとも高位だとされる勲章を授与されている人物である。フランスのＩＲＳＮも、実際の臨床的研究はまったくしないまま、すでに公表されている論考のみを検討して、中途半端な批判を行なっているだけである。

フェルネックスは、「ペクチンはストロンチウム９０、セシウム１３７、ウラン誘導体の体内摂取を減らすとともに、体外への排出を促進する。イタリアのイスプラにある欧州委員会研究所の専門家たちは、ペクチンが安全で放射能の排出に効果的なサプリメントであるとみなしている」と述べている。

そして「子どもたちに対して、ペクチンの防護的役割を認めることは、体内に入ったセシウム

137がいくつかの臓器において照射し、そして、それが病気の原因であることを認めることなのです。バーゼルとベルンで催された二つのシンポジウムで、放射性セシウムの低線量被曝が、子どもの白内障から重度の糖尿病までの疾病を引き起こしていることを明らかにしました。ベルンでは、神経性疾患や精神疾病が、若い事故処理作業員を三人に一人の割合で、障害者にしましたし、それはまた低線量被曝に関係していることです。被曝は、チェルノブイリの放射性核種のすべてによっていますが、事故処理作業員においては、ほこりと一緒に吸い込んだ超ウラン元素のナノ粒子が恐らく重要な役割を果たしているのであろうと思われます。ペクチンはすべての重金属を移動させます。プルトニウム、ストロンチウム、セシウムさえです」と証言する。

二〇〇六年五月一七日、ミンスクの仏大使館で、ペクチンを〈コール・プロジェクト〉に取り入れるかどうかを判断するための専門家会議が催された。様々な理由付けや何の証拠も示さずに反対の態度を取り続けるレンクフェルダーや、IRSNやCEAの代表者は、「ペクチンはもう少し研究しないとその効果が明らかでない」などという理由を取り上げて反対した。また〈ヴィタペクト〉の許容度と有効性についての重要な研究作業に参加したドイツの原子力研究所のヒレ教授は、ビザが降りないので入国できないという理由で、会合に出席しなかった。

前出のイタリア・イスプラの欧州委員会研究所・付属研究センターの食品栄養補足剤に関する研究主任、ドイツ人のアンクラム教授は、すでに〈ヴィタペクト〉を研究しており、この使用は問題ないだろうし、ベルラド研究所のこのプロジェクトの委員として、積極的に参加してもいい、とまで述べたのだった。ところが、レンクフェルダーは、チェルノブイリの問題にたいへん同情を禁じ得ないことを長々と話したあと、ＩＲＳＮやＣＥＡの意見に同意すると述べ、その場にいるネステレンコやフェルネックスには何も言わずに、話を終えた。そのため、フランス大使は、大きな意見の相違が埋められないため、ベルラドのペクチン・プロジェクトは実施不可能と判断を下した。

要するに、国際原子力ロビーは、あらゆる手段を講じて、〈コール・プロジェクト〉にペクチンの治療法を参加させることを妨げたのである。その背景として、もしこれを認めてしまうと、内部被曝による疾病の存在を国際原子力ロビー自身が認めることになってしまう、という、きわめて「政治的な（回避の）判断」が深く介在していることは、すでにここまで本書を読み進めてくださった読者の方々には、容易に想像していただけるだろう。ペクチン・プロジェクトの拒否にはそうした事情もあったのである。

アレクセイ・ヤブロコフの証言

二〇一二年一二月にロシア科学アカデミー会員で生態学者アレクセイ・ヤブロコフは、一キュリー（約三七〇億ベクレル）／km²以上の汚染地にもし留まるなら、何らかの疾病が出ると強調して語っていたが、これはチェルノブイリで適用した数値である。しかし、フェルネックスのコメントによると、ローザ・ゴンチャロヴァの遺伝学的研究では、これより五倍低くても、げっ歯類（ネズミ等）には遺伝子的変異が観察されている。チェルノブイリの際には、ベルリンでさえ、ダウン症候群の増加がみられたという。出生時の性別比変化はチェルノブイリ周辺では僅かだったが、ドイツでは明らかに認められたという。

ＩＣＲＰが言う一ミリシーベルト／年という基準は、これ以下なら安心ということではないことを、思い起こそう。これは二五〇〇人に一人の割合でガンで死亡する人が出るという確率による基準であり、ある場合は二人、あるいそれをさらに上回るかもしれないし、そしてそれが自分の子どもに起こらないとも言えない。ＩＣＲＰでさえ、放射線量には、これ以下であれば安心、というレベルは存在しないことを認めているのである。しかしこの周知の事実は、往々にして「基準値」という言葉の使用によって、覆い隠されることがある。

二〇一二年五月にジュネーヴで行なわれた「放射線防護についての科学者と市民の国際フォーラム」で発表されたヤブロコフの論考をなぞるなら、チェルノブイリ事故当時、ヨーロッパで、子どもの死亡率が増加したが、それは放射能以外の理由が考えられない、そして、同じくヨーロッパとトルコでは先天性障害児の著しい増加が見られたと主張する。そして二六年経った現在でも、動物（鹿、イノシシ）、川魚やキノコなどは相変わらず、［それを食するなら、］健康被害を引き起こす可能性が高い、それほど汚染され続けているというのだ。

原発事故から三、四年目から現れ始め、一〇―一五年経っても続いている現象は、

・深刻な放射能汚染を受けた地域では、罹患率が他の地域の二倍から三倍になっている（特に子どもの罹患率が高い）
・先天性疾患の増加
・先天性異常、低体重の新生児の出生数の増加
・被爆による老化（実際の年齢よりも生物学的年齢が五歳から七歳上である）
・多重疾患：一人の人が複数の病気にかかること

そして、以下の疾病の罹患率、有病率が増しているという。

・循環器系疾患（血管の内皮細胞が放射線に破壊されることによる）
・内分泌系疾患（甲状腺の非がん性疾患を含む）
・呼吸器系疾患（吸入による上気道の損傷を含む）
・泌尿・生殖器系疾患および生殖機能の異常
・骨の疾患（骨減少症、骨粗しょう症など）
・中枢神経系疾患および精神障害（脳の前頭葉、側頭葉、後頭葉上部および大脳半球の深部におきた構造変異に関連する）

・目の病気（特に白内障）
・消化器系疾患
・先天性異常、発達障害
・甲状腺がん（子どもだけでなく大人の罹患率も増えている）およびその他の悪性腫瘍

福島の今後の健康の推移を見守るなかで、参考になる指摘であろう。

結論にかえて

〈平和のための原子力《アトム・フォー・ピース》〉の時代は、過去のものとして終らせなければならない。チェルノブイリと福島の後、日本の諺〈二度あることは三度ある〉といった事態を決して招いてはならない。それは人間の規範的倫理の問題である。そのためには、原子力をストップさせるしかないのである。これは単なるエネルギー転換の課題とは異なる。風力にするか、火力にするか原子力にするかという選択肢の問題のみに還元して議論してはならない。根本的に人類や生きるものたちと共生できないものは、いつしか根絶させるしかない。と言ってもすでに作ってしまった核物質を一〇〇万年という途方もないレベルで管理し続けなければならない「負の遺産」を人類は背負っているのは自明のことなのだが。そして、そんなことには意に介さず、相変わらず国際原子力ロビーはすこぶる強力で、いまだに「科学進歩」の夢から覚めない。それゆえ、本書が課した問いに応答することは、たいへん難題である。なぜなら、巨大な構造があり、複雑なネットワークが張り巡らされ、そこに国連の国際機関さえも絡んでいるから、全体像が見えにくく、さらに無数に分岐しているので実態が掴みがたい。しかも、国際原子力ロビーとは直接関係のない研究機関や大学、ＮＧＯまでもそこに取り込まれている状況は隠微であり、そしてその策略は、たいへん手の込んだものだ。枝葉末端だけみているかぎりでは、そこに構造的暴力が存在するようには見えない。だが、私たちはその背景に、国際原子力ロビーという大きな「構造的な中心」があることもまた忘れてはならない。このように枝葉組織や構造を巧みに使いながら実践される国際的な犯罪が、公的な権威の陰でいとも簡単に見過ごされてしまうことが、あってよいはずはない。

では、こうした事態を前に、私たちは手をこまぬいているしかないのだろうか。私たちは、そうした複雑な構造に対して無力なのだろうか。けっしてそんなことはないだろう。これらの構造体は非常に堅固な「モノ」として存在するわけではなく、実際には、一種のヴァーチャルな繋がりの組織体に過ぎないのである。この構造はけっして一枚岩ではない。低線量被曝問題に懐疑的な組織のなかの「善良な」科学者たちのあいだでも、温度差は存在する。個々のパズルの繋がりは脆い。事態の本質が表れ、実像が明らかになれば、人々はそこから距離を取り始めるだろうし、信頼が落ちれば、個々の繋がりを変えていくようになるだろう。そこに、私たちが見出し得る突破口はあるのだ。

たしかに今、私たちは、情報戦争のまっただ中にいて、誰が味方か、誰が敵かを判断するのが容易ではない環境にいる。推進派が垂れ流す圧倒的な情報が勝つのか、市民の、真実と本質的な事実を嗅ぎ分ける嗅覚、適確なものを見定める眼力が勝つか、という闘いなのだ。そのためには、私たち自身が適確な情報を流布させなければならない。量的には限られていても、信頼度の高い情報を流すことは可能だし、その小さな流れが大きな流れになりうることもある。現場で起伏する実態を捉えること。そして適確な分析による情報を流すこと。インターネットを使う人、使わない人に限らず、一方に情報が特権化して、特定の人にしか行き渡らないようなことがあってはならない。今日、インターネット領域の普及・拡大は著しいが、しかし、それでもインターネットを使っている人の割合は、地方ではまだまだ低い。大半の人はまだ紙媒体か、テレビ、ラジオへの依存が高いのだろう。とはいえ、インターネットにアクセスのない地方の大半、七〇パーセントの人々を置き去りにしてはいけない。いかに真実を伝えるか、こうしたアンバランスな状態のなか、いかに市民の側の情報を流せるか、また、それらをどのように分ち合うことができるか。こうした省察が、より有効な「市民の戦略」を生み出すことを可能にする。市民による多元的価値観に基づいた「もう一つのダイアローグ・セミナー」を、地道に無数に開催するのも、一つの方法かもしれない。

二〇世紀が終った今日、近代のあらゆる価値が問われている。二〇世紀に普遍化したと見られる議会制民主主義の有効性が根底から揺らいでいることも明らかであろう。それがもっとも進んでいると見られている欧州でこそ、問いかけの厳しさが増している。二〇世紀後半にソ連邦が崩壊した後、もはや一人勝ちだと喧伝された自由／資本主義さえも、成長の限界が見え、地球上の資源の限界も周知になった今、未来の展望は全く不透明になった。世界規模の環境汚染が止めようもなく進行している中で、いま、その無限成長の幻想はもはや通用しないと言われているが、いまだに金融界では投機が続き、経済人・裕福層の欲望に果てがないことが露骨になっている。二〇一〇—一一年はアラブ世界では革命が吹き荒れ、シリアの内戦は激化し、エジプトでは連日デモがあり、状況は定着したとは言えない。またアフリカでは、資源の奪い合いと政治的空洞化が危機感を煽り、そうした背景の中で、ニジェールのウラン資源を巡るフランス（ここにも原子力が繋がっている）や欧米のネオ・コロニアルな動きは、いまだに衰えそうもない。世界は新自由主義の複数の歯車の連動した動きとなりつつあり、その惰性的な動きは、その一つにブレーキをかけても、装置全体を止めるのは至難の業だ。

その意味でも、無限エネルギーと言われた原子力のあり方は、近代の根源的な極北を示しているると言える。核廃棄物の問題を解決できずに、この事業をそのまま続行するのは狂気の沙汰以外の何ものでもない。苛酷事故が起きた時に暴走状態になって、何ら有効な手段を持っていないことが明々白々となった原子力技術の恐ろしさは、チェルノブイリ、そして今回の福島で身にしみて実感できたはずである。放射能の影響は、ひとたび事故が発生すれば、どのようなリスク／ベネフィット論、コスト／ベネフィット論であれ、あっけなく破綻してしまうことは、狂気に駆られた人間でなければ誰でも理解できる「単純な」事実といえる。採算の合わない原子力を前に、どのような疑似科学を持ってきて、許容線量だの、基準値だのを並べたててごまかそうとしても、過去の事故がそれをあまりにも上回る、大きな禍根を残しているのだ。

さて、原子力にはもはや未来がないことは、今回の事故で痛いほど分かったはずなのだが、二〇一二年末の日本の衆議院議員選挙の結果を見ると、日本社会はまったく楽観できない情勢が訪れてしまったようである。それは情報「内戦」のなかで、市民の声が圧倒的に後景に追いやられてしまったからだ。福島、そして放射能による被害は終息しつつあり、遠い出来事になり、「復興」という名の目先の経済問題や、ナショナリズムの喧伝に煽られた領土問題のほうがそれよりも優先すべき課題である、と錯覚させるようなマスメディア報道にも影響されたことだろう。しかし、これはマスコミが作り出している虚像に過ぎない。相当数の市民たちが、忘却できないものとして福島を捉えており、六月初頭のデモにおいても東京でも六万以上の市民が動いたのである。政府の小手先の操作だけでは、もう騙されない市民の数が圧倒的に増えている。そのことは、見えにくいが、それこそが実像である。

国際原子力ロビーは、自分たちの存在が脅かされていることを分かっている。だからこそ、チェルノブイリ以来、巧妙な作戦を立てて周到に準備をしてきたのだ。繰り返すようだが、彼らの方程式は、コスト／ベネフィット論であり、命は、カテゴリー別に叩き売りされる。その最悪のカテゴリーは、苛酷事故を起こした福島第一原発において、いまも収束のための作業する原発労働者たちである。命の尊さはほとんど問題にされない。いかに経済的に事業者や政府にとって都合のいい決算を実現するかが、彼らにとっての最重要課題なのである。

いまのところ、内外の国際原子力ロビー・産業界の第二の手は、福島の事後の後始末は、ＩＡＥＡに任せて、もっぱら、海外への原子力プラント輸出に懸命なようだ。

ジョージ・Ｗ・ブッシュ前大統領時代から、「原子力ルネッサンス」のかけ声のもと、原子力産業界の再編への強い働きかけがあった。二〇〇〇年代には、米国をはじめ、多くの国々が原発の再建を開始している。サルコジ前フランス大統領は、二〇〇五年三月二一日、二一世紀の原子力国際閣僚会議をパリのＯＥＣＤ本部で開催した。原発が「大気汚染または温室効果ガス排出物を発生せず、供給の保証と、エネルギー価格の安定に貢献する」（ちなみにこれらの三つの口実はとっくに論破されている）などというい加減な口実をもとに、原子力が国策的輸出商品のなかで旨味のある輸出ビジネスの最高級アイテムとなってきていることを示したものだ。そこでは、核拡散に対するリスクや、ウラン採掘作業員から原発労働者、原発の周辺住民にいたる生命や健康を犠牲にしてそれが成り立っているという視点はまったく省みられない。ましてや現在、満杯になりつつある使用済み核燃料の貯蔵プールの状態や行き場のない核廃棄物については、産業側や当局はまったく口を閉ざしている。地中深くに埋め込んで蓋をしてしまえば、後は知ったことではない、というふうである。彼らの命の値段よりも、こちらのビジネスで儲ける数千億という利益のほうが比べものにならないほど、彼らにとっては、おいしい話なのである。

　たしかに、中国は現在、原子力発電所を二六基建設中で、全部で五八基まで拡大したがっているし、韓国は三基建設中で、六―七基はさらに欲しいようだ。インドも六基建設中で、予定通りいけば、二〇二〇年には五八基の新規原発が建つことになり、日本はヴェトナムやタイ、トルコなどに原発輸出をかねがね目論んできた。このままいけば、アジアは原発過密地帯になること請け合いだ。そして、莫大な資本が動き、巨大な利益を狙って、原子力産業界では、強烈な競合が行なわれている。例えば、最近では、中国の原発建設を巡って、身内である仏電力公社とアレヴァ社とが競合しており、仏電力公社とCGNPC（中国原子力公社）との、アレヴァを除外した密約を巡って、暴露記事が流れた。中国は、アレヴァが開発中の欧州新型炉とは別のタイプの原発開発を検討中で、その新開発に仏電力公社が技術協力する契約をしたのではないかと見られている。国際原子力ロビーは、世界にある四五〇の原発を二〇五〇年代までに三倍にしようという意気込みである。日本は、ロシアとロスアトム社を通じて、核廃棄物のロシアへの売却を内密に交渉しているのではないかと噂されている。先頃の安倍首相の中東訪問では、サウジアラビアと原子力協定、トルコとは東芝－アレバの共同開発をしようという魂胆だ。民営化されている原子力産業を、日本は首相が率先して営業マンを務めている。

　だが、本当に、すべてが、国際原子力ロビーが目論んでいる方向にスムーズにいくだろうか。このような狂気の沙汰に世界の市民社会は沈黙を決め込むのだろうか。

たしかに、チェルノブイリや福島でこれから顕在化してくる健康への影響は、国際原子力ロビーに関与する無数の科学者や放射線医師たちの事実に対する不誠実な否定主義によって、いっこうに省みられる気配がない。事故を起こした企業は、あたかも大した害がなかったように振る舞う。水俣（に対応する歴代日本政府、そしてチッソ）とそっくりである。太平洋の汚染は今後、環境と人間にどのような影響を与えるのか、注視しておかなくてはならない。このような海洋への大汚染が発生したことは、かつてなかったことなのだ。前例がないから、簡単に否定されやすい。たしかに、セラフィールド再処理工場やラアーグ工場は、汚染を毎日垂れ流しているが、今回の規模は桁違いである。こうした被害の実相を明らかにしていく闘い、そこにこそ、ほんとうの闘いがあるのだ。水俣やあらゆる公害の闘いも基本的には同じ闘いである。だが、原発は、被害がもっと広範に渡り、世界的な汚染を引き起こす。チェルノブイリ、そして福島の原発事故は、公害という範疇を遥かに凌駕しており、人類史上、最悪の事故だというべきだろう。それは時間をかけ、何万、何十万、何百万という数の生命に対し、緩慢（かつ、ときには急速に）死をもたらすような大虐殺である。

国際原子力ロビーは、何としてもこれらの影響は大したことのないものとして、事態を納める方向へ、必死の作戦をあらゆるレベルに渡って展開している。さもなければ、原子力産業は斜陽の一途をたどることになるからだ。

チェルノブイリの真相が明らかになり、最小限の犠牲と被害を心から願う私の気持ちとは裏腹に、福島をはじめとする、日本の広範囲に渡る被災住民たちの健康が、年を追うごとに悪化してしまうことが世界中の人びとの目の前で明らかにななってしまうとするならば――事実とするならば明らかにする以外にない――、どの国がこれまでの計画通り、原子力を推進できるというのだろうか。本来、チェルノブイリの真実が正しく明かにされていれば、福島の事故はなかったかもしれないのだ。この真実が国際国際原子力ロビーの巨大な犯罪によって、明かされなかったからこそ、とうとうそれが福島にまで訪れてしまったといっていいだろう。福島以前の過去四つの大事故、マヤック（ウラル）、セラフィールド、スリーマイル島、チェルノブイリ、そのどれをとっても、住民や環境に対する影響がどのくらいあったのかという事実がきちんと明らかにされたためしがない。

　チェルノブイリと福島の真実を明らかにしていくことが私たちにできれば、まちがいなく原発時代の終りを告げることができるだろう。原発を推進したがっている指導者たちでさえ、これらの事故の実相を真に受けとめることさえできれば、みな尻込みするに違いないのだ。リスクはあまりにも巨大であり、コストの方も、それにともない膨大なものとなる。ベルギー原子力規制庁の長官ウィリー・ドゥ・ルーヴェールが、二〇一二年一二月、退職直前に言い放ち、センセーションを引き起こした言葉を明記しておこう。

　原子力のリスクをほんとうに受入れることができるかどうか、私たちは問うべきではないだろうか。……誠心誠意、もし私が原子力のリスクを評価するなら、私は別の形態のエネルギーを選択するだろう。[*9]

たしかに、国際国際原子力ロビーを解体するのは、容易ではない。それは第二次大戦後に定着した国際社会の構図が少しも改編されておらず、新自由主義的な資本主義体制が原子力産業界の末端まで根を下ろしているからだ。国連を中心にした世界構造というのは、結局のところ、北側=いわば産業発展国の利害に即して作られた枠組みであり、安保理事国、とりわけ米国の都合のいいように作られた構造である。それは平和のための原子力《アトム・フォー・ピース》の時代と植民地主義時代の名残の継続なのだ。これを変えなくては、国際原子力ロビーの解体は難しい。安保理の常任国はみな核武装しているのであり、日本の保守派の指導的政治家たちも同じ野心を持っている。ここにおいて、原子力は、民事も軍事もない。同じ一つの核問題である。

国連やそれに付随する多くの国際機関のあり方は、当然、再審に付されなければならない。保守伝統的な潮流は権威と資本にしがみつくが、今日、その権威は大半がその価値を喪失している。私たちは、稀有な危機に直面していると同時に、稀有な好機に遭遇しているともいえる。望むなら、古い権威を洗い出し、歴史を検証し直して、新たな地平を見出すことができる。少数の巨大な資産を持つ資本家たち、そして、銀行、金融機関に世界経済は牛耳られ、彼らが経営する企業が世界に多大な環境汚染をもたらしている。犠牲になっているのは、九九パーセントの民衆である。そのことに気がつけるなら、それだけでも大きな収穫だ。

原発商売をストップさせるためには、事故の実相を明らかにさせることが最短距離となるだろう。原発は利潤から考えても究極的には高くつきすぎるのである。つい先日も、苛酷事故が起こった時にかかる推定費用を、フランスのＩＲＳＮが算出して、四三〇〇億ユーロ（現在のレートで約三四兆八三〇〇億円）と計算した。それゆえ、今日、チェルノブイリと福島の実相を追究することは分ちがたく結ばれている。そのためには、福島で行なわれつつあるＩＡＥＡに統括された一元的な調査ではなく、多元的な研究者による調査と、調査結果の透明性、公開性を原則とするようなやり方を要求しなければならない。今日の国際機関がとりおこなう一元的な科学では、もはや事件の真相を明らかにすることはできない。ＩＡＥＡやジャック・ロシャールを先兵とする国際原子力ロビーに福島を占拠させてはならない。あらゆる研究者による幅広い研究と科学的議論が不可欠である。バンダジェフスキーが切り開いたような放射線医学／生物学／遺伝学／生態学などの研究をさらに押し進めなければならないが、そうした研究は援助がないので、なかなか前進できていない。遺伝学的な研究はかなり進展しているが、その研究成果をもっと世界中に認知させる必要がある。

国際原子力ロビーは、〈ステークホルダー〉のように、一般大衆には分かりづらい言葉や新語を使って、新たな権威を作り出し、そうした権威にすべての判断を任せる一元的な価値観を押し

＊9　『ル・モンド』紙、二〇一二年一二月二八日、No. 21132.

つけてくるだろう。それを黙認するならば、まさに低線量被曝による、ガン以外の重大な症候群をすべて否定する者たちによる独裁を許すことになる。

三・一一以来、批判に晒されてきた「専門家」たちは、「様々な情報が入り乱れているから、住民がどの情報を信頼してよいか分からくなり、混乱が起きている、しかるべき専門家を復権させ情報を一元化しなければならない」というようなことを昨今は盛んに主張している。だが、よく考えてほしい。私たちが、彼ら「専門家」の言うままに任せてきた結果が、このような、けっして起きてはならない、今日のフクシマの惨状をもたらしたのだということを、私たちはもう一度はっきり認識しなければならない。今日ほど、素人の目、その力が必要な時代はないのだ。自分自身の専門領域（持ち場）からちょっと飛び出して、今までとは異なる眼差しで世界を眺めてみよう。素人の、その率直な眼差しのもと、あらゆるものを見直していくことが求められているのである。今回の事故に関連したあらゆる科学者、専門家が、けっして万能ではないことは、すでに多くの人がすでに確信したはずである。専門家が必要でないという意味ではない。ただし、個々の専門性が、真に人間を含む生命の倫理に基づいているかどうか、つまり人間（を含む生命）のためになる研究なのかどうかを、再検証する時期にきていることは、もはや万人の目にとって明らかだ。すでに建てられた多くの原発の下には、活断層が無数に走っているという。いままで、これらの「専門家」たちはいったい、何をやっていたのだろうか。なぜ市民一人ひとりは、彼らにすべてを任せてしまってきたのだろう。日本人は権威に対する信頼が非常に強いだけでなく、メディアに対する「鵜呑み度」も高いと言われる。それは、良くも悪くも、普段、他人から騙されたり、他人におまかせで痛い目にあったりすることが比較的、他国と比べて少ないからだろう。日本の飲食店では「お任せメニュー」というものがあるくらいだ。その〈お任せ〉の結末が今回の結果であることを、わたしたちは素直に反省しなければならない。〈お任せ〉、つまり〈寄らば大樹の陰〉はもう終わりにしよう。

　地球上のプレートはいまも絶え間なく動いているという。プレートの新たな活動期に入っているとも言われている。そうしたことには、私たち、妙に文明化されてしまった人間には直感さえ働かない。にもかかわらず、日本には五四基もの原発が建設されてしまった。空恐ろしい事をしたものである。福島の事故後も、東海大地震、南海大地震、東京直下型大地震、と三つの巨大地震が地震学者たちによって予告されている。こうした「事実」すら顧みることなく、相変わらず原発推進政策を進めようとする第二次・安倍政権、そしてそれを簡単に許してしまう私たち国民が、今の日本社会の弛緩した時代の空気を許し、声だかに人種差別と憎悪に満ちた罵詈雑言を目の前にいる在日外国人に向かって叫ぶ事さえ、許している。大衆の関心が民族主義や歴史否定主義にスポイルされている間に、福島のことは、あっさり洗い流されてしまう危険に瀕している。実際、六月四日に発表した政府の「環境白書」には、「原発リスク」の言葉さえ姿を消したという。

　だが、すでに撒き散らされた放射性物質によって、そして将来予測される大惨事によって、さらなる健康被害に曝される未来の人々から、現代のこの「狂気」を指摘されたとき、そこで、彼らに弁明する言葉を、私たちはいったい持ち合わせているだろうか。

原子力によるこの惨状を経験してしまった以上、私たちはもと来た道へと引き返すすべはもはやない。そのためには、再度繰り返すが、まずなによりも、権威や他人にすべてを任せてしまうことをやめ、自分たち一人一人が考え、判断していくような生き方から再出発する以外にないだろう。私たち自身が多元的であることを原理とし、大地に根を張った根茎のように多様な繋がり方を実践しながら、現状の地滑り的状況を食い止めるほかはない。そして世界中の意識ある市民たちと結びつきながら、まったく新しい、原子力のない未来社会の設計図を、真っ白な紙に書き込んでいくこと。それを実践している人たちは、すでに日本や世界のあちこちで活動を開始している。そうした実践に結びついていくことこそが、わたしたちが目指すべき知的転換のきっかけとなるに違いないのである。わたしたちの実践がどれほど微々たるものだとしても、継続すること。わたしたち自身を世界に繋ぎ止めておくために。

文献資料

＊資料1

首相官邸HPに掲載された文章（http://www.kantei.go.jp/saigai/senmonka_g3.html）

チェルノブイリ事故との比較

平成二三年四月一五日

チェルノブイリ事故の健康に対する影響は、二〇年目にWHO、IAEAなど八つの国際機関と被害を受けた三共和国が合同で発表（注1）し、二五年目の今年は国連科学委員会がまとめを発表（注2）した。これらの国際機関の発表と東電福島原発事故を比較する。

1．原発内で被ばくした方

チェルノブイリでは、一三四名の急性放射線傷害が確認され、三週間以内に二八名が亡くなっている。その後現在までに一九名が亡くなっているが、放射線被ばくとの関係は認められない。

福島では、原発作業者に急性放射線障害はゼロ（注3）。

2．事故後、清掃作業に従事した方

チェルノブイリでは、二四万人の被ばく線量は平均一〇〇ミリシーベルトで、健康に影響はなかった。

福島では、この部分はまだ該当者なし。

3．周辺住民

チェルノブイリでは、高線量汚染地の二七万人は五〇ミリシーベルト以上、低線量汚染地の五〇〇万人は一〇―二〇ミリシーベルトの被ばく線量と計算されているが、健康には影響は認められない。例外は小児の甲状腺がんで、汚染された牛乳を無制限に飲用した子供の中で六〇〇〇人が手術を受け、現在までに一五名が亡くなっている。福島の牛乳に関しては、暫定基準三〇〇（乳児は一〇〇）ベクレル／キログラムを守って、一〇〇ベクレル／キログラムを超える牛乳は流通していないので、問題ない。

福島の周辺住民の現在の被ばく線量は、二〇ミリシーベルト以下になっているので、放射線の影響は起こらない。

一般論としてＩＡＥＡは、「レベル７の放射能漏出があると、広範囲で確率的影響（発がん）のリスクが高まり、確定的影響（身体的障害）も起こり得る」としているが、各論を具体的に検証してみると、上記の通りで福島とチェルノブイリの差異は明らかである。

長瀧重信　長崎大学名誉教授（元（財）放射線影響研究所理事長、国際被ばく医療協会名誉会長）

佐々木康人　（社）日本アイソトープ協会常務理事（前（独）放射線医学総合研究所理事長、前国際放射線防護委員会（ＩＣＲＰ）主委員会委員）

原典は以下の通り。

［注１］Health effect of the Chernobyl accident : an overview Fact sheet303 April 2006 （二〇〇六年公表）
http://www.WHO.int/mediacentre/factsheets/fs303/en/index.html

［注２］United Nations Scientific Committee on the Effects of Atomic Radiation, SOURCES AND EFFECTS OF IONIZING RADIATION UNSCEAR 2008 Report: Sources, Report to the General Assembly Scientific Annexes VOLUMEⅡ Scientific Annex D HEALTH EFFECTS DUE TO RADIATION FROM THE CHERNOBYL ACCIDENT_. GENERAL CONCLUSIONS　（二〇〇八年原題／二〇一一年公表）P64～
http://www.UNSCEAR.org/docs/reports/2008/11-80076_Report_2008_Annex_D.pdf

［注３］（独）放射線医学総合研究所プレスリリース「三月二四日に被ばくした作業員が経過観察で放医研を受診」
2011.4.11　http://www.nirs.go.jp/data/pdf/110411.pdf

＊資料2

フランスの原子力ロビーは、どのようにして汚染地域における真実を葬り去るのか

――ＦＮＳＥＡ（フランス全国農業経営者組合連合）は、原発事故で汚染された可能性のある農産物を流通させるため、原子力ロビーと同盟を結ぶ

調査：フランス原子力産業が、チェルノブイリの大惨事の本当の影響を隠蔽するために、どのようにして汚染地域におけるその影響に関する情報の遮断計画を実施したかを、われわれ脱原発ネットワーク（Réseau Sortir du nucléaire）は、この独自調査で明らかにし、ここに発表する。

この計画は、目立たないが強力な組織、ＣＥＰＮにより立ち上げられ、日を追うごとに国際化しながら、科学的・人間主義的・人道主義的な装いのもとで進められている。この組織には、ＥＤＦ、アレヴァ、ＣＥＡ、ＩＲＳＮが一堂に会している。

新事実：生産至上主義の農業ロビー（ＦＮＳＥＡその他）は、原発事故後に汚染された可能性のある農産物を流通させるため、これらの計画に深く関与している。一方、チェルノブイリ事故の二〇年後、またさらに何十年もの間、汚染された食べ物の摂取が、最もひどい影響を受けた地域の住民、とくに子供たちの間で、被害の原因となるのである。

フランス原子力産業は、その自らの主張が、ベラルーシのバンダジェフスキー教授の研究により反論されたため、「ベラルーシ政権による」教授の幽閉に同調した。

フランスで原発事故が起こった場合に備えて、「事故後の汚染動物及び野菜生産の管理」がロワーブ県

（フランス中東部）で密かに研究されている。
チェルノブイリ惨劇の二〇年後、フランス「脱原発ネットワーク」は、チェルノブイリ大惨事の影響の実相を掘り起こし、このような惨劇が二度と起こらないよう、具体的な提案をおこなう。

二〇〇六年三月九日　フランス「脱原発ネットワーク」独自調査

チェルノブイリ後、汚染地帯で「幸福に」暮らす

序

チェルノブイリ大惨事（一九八六年四月二六日）は、世界中の世論に長期にわたり影響を与え、また当然、地球上の原子力の発展に強烈な打撃を与えた。それゆえ、この惨事により、自らが危険にさらされていると認識した原子力産業にとっては、賭けは非常に大きなものとなった。

原子力産業は、この流れを逆転させるため、つまり、チェルノブイリの影響は言及されているほどひどいものではなかった、という考えを流布させるために、あらゆる手段をとることを目標とした。

そして、ついでに、新たな不測の原子力災害の影響を、前もって過小評価する準備をした。このようにして、原子力ロビーは、とくにチェルノブイリ事故によって汚染された地域で、数々の研究計画、とりわけ情報伝達に関する計画を実施したのである。

さて、原子力産業が最も強力なのは、フランスである。必然的に、チェルノブイリ周辺の汚染地域における研究を受注したのは、フランスの組織であった（ＥＤＦ、Cogéma、ＣＥＡその他）。目的を果たすために、これらの組織は、たとえばウクライナやベラルーシの独裁体制と手を結ぶことさえ厭わなかっ

た。

彼らのお蔭で、将来、「汚染地域で幸福に暮らす」ことができるのである……

CEPN：強力だが人目につかないフランス原子力ロビーの御用組織

きっと皆さんは、CEPN（フランス原子力防御評価研究所）をご存じないだろう。そもそもCEPNとは、実際四つの参加組織だけで成り立っていてそれほど目立たない。しかし、それらの組織は任意の団体とはわけがちがう。その参加組織とは、EDF（フランス電力公社）、Cogéma（フランス原子燃料サイクル会社、Arevaの前身）、CEA（フランス原子力庁）、それにIRSN（フランス放射線防護と原子力安全研究所）である。つまりCEPNはまさしく、連合したフランス原子力ロビーの御用組織なのである。さらに自身のウェブサイト上で、CEPNが毎年一八〇万ユーロの潤沢な資金を使っていることを知ることができる。これほどの資力があれば、間違いなく大きな力を発揮できることは疑いがない。

また、事実CEPNは、「ポスト・チェルノブイリ」のいくつかの情報の遮断計画であるエートス及び、それに引き続くエートス2、及びコールなどの「ベラルーシで行われた」いくつかの計画の提唱者であり、この計画のために仲間が次から次へと集められた。その目的とは、これらの計画に「科学的な」正当性を付与し、学際的かつ人道主義的活動としての後ろ盾を与えることだった。一見したところでは、彼らが発表した目的にはほとんど同意できる。つまり、「チェルノブイリ事故による長期にわたる放射能汚染で、日常生活に強い打撃を受けた村民たちの生活条件を永続的に改善すること」——このような計画に誰が反対できようか。ひとまず、調査を続行していこう。

エートス及びコール・プロジェクトを始めたのは誰か

この計画の総メンバーは錚々たる面子だが、プロジェクトを始めたのは、まさに原子力ロビー及びその側近の支持者たちである。そもそも、ＣＥＰＮのウェブサイトにそう書かれてある。〈エートス・プロジェクト〉は、四つの学術組織による研究チームにより活動が始められた。その組織とは、ＣＥＰＮ、ＩＮＡＰＧ（パリ＝グリニョン国立農業研究所 l'Institut National d'Agronomie de Paris-Grignon）、ＵＴＣ（コンピエーニュ工科大学 l'Université de Technologie de Compiègne）、及び、学術的な調整を遂行するムタディス・コンサルタント（Mutadis Consultants リスクに対する社会的管理を行なう）の研究グループである。ＣＥＰＮに関しては、それが何に由来するかすでに説明した。しかし、このムタディス・コンサルタントとは何なのか。この組織は、原子力産業及び国内／国際官庁により実施される多くの計画のコーディネート、或いは事務局を請け負っている。その主な活動内容とは、「危険な（リスクを伴う）」活動計画［後述する核廃棄物の管理など］への住民の拒否反応を鎮めるための戦略を進展させることにある。こんなわけで、ムタディス・コンサルタントは、エートス１及び２、それにコール、さらにコワム１（Cowam = Communities and Waste Management　核廃棄物の貯蔵地或いは埋葬地の受け入れ先を見つける戦略の調整をする欧州連合のプロジェクト）及び２、トラストネット（Trustnet　リスクの高い活動の導入前に、住民たちの「信頼」を得るための戦略）などのコーディネーターあるいは事務局を務めた。

ムタディスのチームは二〇〇〇年前半、そのトップであるジル・エリアール＝デュブルイユ（Gilles Hériard-Dubreuil）を介して、核廃棄物の埋葬地として、フランス西部に用地を見つけようとした〈花崗岩ミッション（Commission granite）〉に活発に参加した。しかしながら、市民運動によるデモによってこの計画は頓挫した。いずれにせよ、ムタディス・コンサルタントが、住民の側に立って奉仕活動をするような組織ではなく、「ポスト・チェルノブイリ」計画であるエートス及びコール・プロジェクトと同様に、あくまで原子力産業のプロジェクトを助けることをその目的としていることは明らかである。

強力な同盟者たち

〈エートス・プロジェクト〉に、UTC（コンピエーニュ工科大学）を採用したのもムタディスだった。「一九八六年以降、チェルノブイリの大事故の影響について研究を続けている危機管理の専門機関・ムタディス・コンサルタントのディレクター、ジル・エリアール＝デュブルイユから、われわれ［UTC］は、汚染地域における三年にわたる任務に参加するようにとの連絡を受けました」。この採用には、当プロジェクトに科学的な保証を与えようという意図がある。実際、UTCはいくつもの分野における専門研究、たとえばバイオテクノロジー、力学（メカニクス）、複合社会技術システム、バイオメディカル工学、情報及びコミュニケーションのための科学及びテクノロジー、プロセスエンジニアリング、模型製作及び計算といった、原子力ロビーの科学的イデオロギーと完全に併走可能な研究機関である。彼らがその目的に達することはほぼ確定している。二〇〇二年一月二四日発行の大学機関誌『UTCインフォ』には、こう書かれている。「ベラルーシのオルマニー村での、ジル・ル・カルディナル教授の貢献。彼によって（エートス・）プロジェクトの信頼が回復された。エートス方式は、まず第一にオルマニー村から、そしてその後ストリン地区にまで拡張されたのだが、この方式は、環境管理において住民を包括することに基づいており——さらに途中で手直しされ完全なものとなって——、（他の）事故後の長期的管理にも移し換えることができるようになった」。このジル・ル・カルディナル教授の写真の下にはこう書いてある。「ジル・ル・カルディナル、コミュニケーション学教授、エートス方式の父」。何とこれは、企業の祖の風格を備えているではないか！。また、同大学の理事長のレミー・カルル――彼は「ＣＥＡで二〇年間、ＥＤＦで二〇年間も！」並はずれた熱意で原子力路線の旗揚げをしてきた――を大いに喜ばせるだろう。〈エートス・プロジェクト〉の開始以来、ＩＮＡＰＧ（パリ＝グリニョン国立農業研究所）の存在は、その重要な礎石となっている。この機関は、農業生産者ロビーの先頭を行く駒といえ、以来、「ポスト原子力事故」計画の、とくに財政上の計画において重要な影響力をもつ。彼らが何に投資するかというと、非常に単純である。農産物を――もしそれが汚染されているとしても――生産し、売り続けるということである。実際どのようにするのか、見ていこう。

エートス及び、コール・プロジェクトに誰が出資するのか

プロジェクトの始動時以外でも、原子力ロビーはかなり早くから公共資金を調達するのに成功したが、実際には費用はたいしてかからない（参加する市民を除いて！）。とはいえ、「資金調達が」制度化されることは、彼らの活動に信憑性が与えられるという二重の利点がある。以下に集めることのできた情報のいくつかを掲載する。

エートス・プロジェクト１（一九九六―一九九八）「欧州委員会により融資を受ける」
エートス・プロジェクト２（二〇〇〇―二〇〇一）「欧州委員会、スイス外務省、原子力安全防護研究所（ＩＰＳＮ＝現在のＩＲＳＮ）、「地と文明」協会、及びフランス電力公社、フランス原子燃料サイクル会社（Cogéma）より融資を受ける」
コール・プロジェクト「フランス外務省、フランス農業生産者協会、スイス外務省により、一一四万五〇〇〇ユーロの融資を受ける」

歴史的に中立国のイメージの強いスイスが、これらメンバーのなかでも特に役立っている。これらの計画にスイスが参加したことに対しての質問を受けて、他の融資者団体はこう弁解している。「私どもは原子力関係者と仕事をしたわけではない。スイス外務省が私どもを勧誘したのです」。この事業においてスイスが何をしたのかは定かではないが、それがベラルーシに対しての金銭的援助という善意からの融資だったことは間違いない。

「地と文明」は農産物生産者が設立した大組織であるが、「FNSEA（フランス全国農業経営者組合連合〈保守的な近代農業推進の最大農協〉）」と強い関係がある。そもそも、〈コール・プロジェクト〉には、前FNSEA会長のジェラール・ドゥ・カッファレッリが指揮をとるFERT（「大地の形成、豊穣、蘇生」Formation, Epanouissement, Renouveau de la Terre）グループが加わっている。そして、FNSEAの開発部長はミッシェル・モラールという人で、〈エートス・プロジェクト〉に参加したINAPGの農業技師でもある。何という偶然か！

FERTのウェブサイトにはこうある。「FERTは、フランス穀物生産者（Les Céréaliers de France）団体にその人事を拠り所とし、設立された（……）FERTは、自身が支持するプロジェクトの技術管理を、その子会社 FERTILE, S.A. に委ねているが、その主な株主は、FERT、UNIGRAIN、「地と文明」協会である」。これらの資金繰りのすこぶるいい組織は、多大な補助金を受け、とりわけ南部の地域生産物を犠牲にし、輸出型の生産主義的近代農業をフランス南部の生産者に課し、酷く汚染され農産物をフランス国内に流通させている。そして彼らは、原子力の問題にも匹敵する重大問題、GMO

（遺伝子組み換え作物）支持の立場を隠そうともしていない。

エートス及びコール・プロジェクトに参加する彼らの主な目的が、今後［フランス国内で］起こりうる原子力事故においても意味があることにはすでに触れた。そのために彼らは、汚染地域においても、ほぼ正常に暮すことが可能であり、とくに、汚染生産物を「危険なく」消費することができる、と「証明する」人々を見つけては喜んでいる。以下を参照されたい。

放射性の悪質な食べ物

ウェブサイト上でFERTは、「二〇〇一年以来」、〈コール・プロジェクト〉へ参加していることの意義を評価し、こう説明している。「汚染地域におけるじゃがいもの放射線学上の質及び生産性を改善する計画は（……）放射線学上の質を二五から三〇パーセントへと改善し、また、生産高を二五〇パーセントに増やすことに貢献する技術を普及させた」と。どうぞたっぷり召し上がれ。これらの「ほんの」七〇パーセントしか汚染されていない食品を少し食べるとする。それをまた二・五倍食べるとする。汚染地域で農産物がよく育つとは、何ということだろう！　さらに重大なのは、放射線検知器なしでは、汚染食品を摂取することで毒を盛られていることに気づくことは不可能だ、ということだ。

さらに続けよう。IRSNのウェブサイトにはこう書いてある。「ウクライナでは、汚染地域のほとんどで、農業にかかわる企業および個人が、一九九七年六月二五日に発効された規格にあった食品（セシウム137に関して：乳製品は1リットル当たり一〇〇ベクレル、肉類では一キロ当たり二〇〇ベクレル、じゃがいも及びパンは一キロ当たり二〇ベクレル）を生産している」。

同じ文章の中で、こうのような説明もある。［ウクライナでは］少なくとも八〇〇万ヘクタールの汚染された土壌が存在しているのに、そのうちの九万ヘクタールでしか、すべての農業生産の中止に至っていない、と。仮に、フランスにおいて原子力事故が起こった場合、大農業生産者にとって非常に都合のよい報告がここにあるではないか。要するに、「大規模な原子力事故が起こったところで」農業生産をしてはいけない土地は一パーセントに満たない！ということになのである。

この問題全体の核心は、つまり、汚染農産物の摂取は危険なのか、否なのか、という点にある。通常、IRSN及びフランス当局そして国際原子力ロビーは、汚染がある閾値以下の場合、危険はなくなる、と考えている。たとえば、IRSNが、乳製品では一〇〇ベクレル／リットル、肉類では二〇〇ベクレル／kg、じゃがいも及びパンでは、二〇ベクレル／kgを閾値としていることは、いま見てきたばかりである。

問題：これら閾値が存在するのかは実は一度も明らかにされたことがない。それらの基準は、恣意的に定められたもので、一九八六年四月二六日の「チェルノブイリの」大事故に影響を受けた地域でできた生産物のうち、取るに足らない部分のみを、その場しのぎで禁止しているだけである。

チェルノブイリ惨劇の唯一の「利点」は（あえていうならば）、現場「汚染地域」で、実際、誰の主張が正しいかを確かめることができるということである。つまり、汚染された農産物を飲み食いした人々が、どれほど健康問題を抱えているのか、また、これらが一定の閾値以下に本当に存在しないのか、を確認すればよいのである。もっとも、真実が知られることを望まない人たちは、汚染地域で起こった病気は、心因性のもの（精神的な理由によるもの）であると主張することも含め、自らの目的を果たすことに全力を注ごうとするのだが。

邪魔者の研究者、ユーリ・バンダジェフスキー

フランス原子力ロビーの「専門家」たちは、当然、汚染地域で生活できるのはよいことだという結論を出した。しかし、彼ら自身を安堵させるだけのこの声明は、ベラルーシの勇気ある科学者、ユーリ・バンダジェフスキーの業績により、激しい攻撃を受けた。一九九〇年、三三歳のときから、彼は汚染地帯の真ん中にできたゴメリ医科大学の指揮をとりはじめたのだが、とくにセシウム137による汚染食品を摂取した後の重大な「健康被害の」結果についての研究を専門とした。

しかし、バンダジェフスキーの研究は、「フランス原子力ロビーのみならず、ベラルーシ政権からも」すぐに邪魔もの扱いされることになる。なぜなら、彼の研究から導き出される結論は、ベラルーシの独裁的な国家権力が表向きに発表しようとしていた主張に反するものだったからである。ユーリの夫人、ガリーナ・バンダジェフスカヤは、CRIIRAD（クリラッド、放射能に関する調査及び情報提供の独立委員会。フランスの放射能に関する環境保護NGO）で行なわれた会見で、次のように説明している。

「私どもは、体重一キロにつき〇から五ベクレルの間では、（器具による多少の誤差の許容度をも考慮に入れて）八〇パーセントちょっとの子供たちが、心電図ではいかなる悪化状態をも表さないことを示すことができました。八五パーセントまでは、ほぼ正常な進展、正常な発育を保証することができました。しかし、セシウムが蓄積すれば、媒介変数に従って、健康な子供たちの割合は比例して減少します……そして、もしこの放射性物質が、1キロ当たり七〇ベクレル以上測定されたとすると、正常な心臓は、たった一〇パーセントしかなくなることが予測できます」。

ここが問題の中心である。ベラルーシ体制は事故後、国際的な援助を多大に受けたが、それをチェルノブイリの被害を緩和するためには使うことを望まなかった。そこで世界の原子力企業のなかで生粋の

味方を探しだし、原子力事故は取り返しのつかないような結果を生むことはない、と「国内外に」示そうとした。

買収された人たちが清廉潔白な研究者を投獄する

ユーリ・バンダジェフスキーは、原発事故後に集まった国際支援金が横領されたことを告発することでさらに突き進んだ。CRIIRADのディレクターであるコリンヌ・カスタニエは、こう説明している。「チェルノブイリのための基金の活用が有効であったかを審査する役割を果たす特別委員会のメンバーとして、ユーリ・バンダジェフスキーは、一九九八年に放射線の学術研究所および診療所に託された一七〇億ルーブルの用途の調査にかかりました。結論は決定的で、一七〇億のうち、一一億ルーブルのみが有用な研究のために使用されたというものでした」。

脅迫や、匿名の手紙、誹謗に動ぜず、バンダジェフスキー教授はメディア上または国会で、何度も訴えを発した。さらに、自分の研究を報告し、その支援を求めた。「もし、放射性物質が大人や子供の人体に入り込むのを避けるための措置にとりかからなければ、今から数年代で人類は絶滅してしまうでしょう」。

「政権にとって目障りな発言を繰り返す」バンダジェフスキーを引き摺り下ろすために、攻撃は最大の防御と言わんが如く、買収された人々が、「バンダジェフスキーに対し」彼が「収賄」を受け取っているのではないかという疑いをかけ告訴した。判決は、二〇〇一年六月一八日に、軍の法廷（！）で下された。それは、強制収容所での八年間の禁固、すべての財産没収、及び釈放後五年間、すべての重要ポストへの就任を禁ずる、というものであった。全世界から集まった支援も、この勇気あるユーリ・バンダジェフスキーを釈放させるまでには至らなかった。

フランスの原子力産業は、ベラルーシ政権と協力する

驚くまでもなく、こうした事件が起こったからといって、フランスは、ベラルーシにおいて猛威をふるっていた「鉄の体制」と協力を続けることを阻まなかった。「〈コール・プロジェクト〉の周到な準備及び実施のため、ベラルーシ当局とＩＲＳＮ、とくにフランス農業省との間に、また、ＩＮＡＰＧとの間に、実りある協力関係が打ち立てられた」（アレクサンドル・イストミン、フランス駐在ベラルーシ大使）。

これで誰が手柄を得るのかはっきりする。しかし、これだけでは十分ではない。というのは、もうひとりの研究者がこの見事な陰謀の邪魔になったからである。この研究者とはワシリー・ネステレンコで、彼はソ連時代のベラルーシで原子力関係の重要ポストにいた人物であるが、チェルノブイリ後、独立研究所であるベルラド研究所を設立した人である。バーゼル（スイス）大学医学部名誉教授のミッシェル・フェルネックスは、ＣＲＩＩＲＡＤの機関誌『トレ・デュニオン』（No22）において、この本題に関して優れた記事を書いている（本書所収の資料3）。

原子力ロビーは、専門家に言わせると、不可避的に発生するであろう次の原子力事故に備えるために、特にガイドラインを作ることを目指している。（……）これは、放射線の低線量被曝は無害だというドグマが不可侵なものになることを意味する。

〈エートス〉の責任者たちは、二〇〇一年に完了することが予定されていた計画で、ストリン地区に関与しながら、ベラルーシのチェルノブイリ問題省に、ワシーリ・B・ネステレンコ教授に指導されたベルラド放射線防護独立研究所を撤退させるよう要請した。しかし〈エートス〉の責任者たちは、この研究所の測定データを、数年前から使っていたのだ。

二〇〇一年一月二五日付けチェルノブイリ問題省のベルラド研究所所長宛の手紙にはヴァレリー・シュヴチュークが署名しており、彼らの依頼によって、〈エートス2〉のために、ストリン地区の一連の村々の管理をベルラド研究所から取り上げるという通告であった。

それ以来、ネステレンコはフランスの原子力推進官僚と妥協しなければならなかった。彼は個人的な場で、いつか真実を白日の下に晒すことができるようにと願いながら、自分の研究を続けることができるよう、「悪魔と」手を結んだと告白している。なぜなら、ネステレンコにとっても、次のことは疑いの余地はなかったからである。つまり、セシウムは、もし少量を摂取したとしても各器官に蓄積し、重病を引き起こす要因となる、ということである。彼は、セシウムの混入と闘うために、りんごからいとも簡単に抽出されるペクチンを元にした療法を促進した。

エートス及びコールの責任者たちは、ネステレンコのこのペクチン療法に対し、それがまるで偶然であるかのように、［彼らの真の意図を隠すために］難癖をつけた。つまり、ペクチンの効果を評価することは、すなわち、セシウムは器官に蓄積されるから危険であるということを認めることになり、それゆえ、汚染地域に住むことは不可能であり、原子力事故が起こりうることは耐え難い事態であって、必然的に、いま彼らが取るべき最善策はすぐに原子炉を閉鎖する、ということを意味するからである。

ここから導き出される結論として、原子力ロビーは、世論が真実を知り、それに伴う結果を引き出すことを望んでいない、ということが容易に理解できる。これがＣＥＰＮ（ＥＤＦ、コジェマ社、ＣＥＡ、ＩＲＳＮ）がベラルーシ体制と手を結んだ、エートス及びコール・プロジェクトの恥ずべきやり方の、まさに現実である。いつもそうだが、原子力産業は己の結論を押しつけて、真実をもみ消すのに躍起だ。

そもそも一九五九年以降、原子力災害の影響については、ＷＨＯ（世界保健機関）が厳密なかたちで関与できないよう、文字通り不透明なシステムが、国際的なレベルであらたに実施された。（以下参照）

チェルノブイリの真実をどのように隠蔽したか

チェルノブイリ大惨事の日（一九八六年四月二六日）以来、原子力産業は真実の立証を阻む操作をしてきた。たとえば、一九五九年の信じられないような協定の効力の下、ＷＨＯ（世界保健機関）は、原子力に関わる仕事をするためには、ＩＡＥＡ（国際原子力機関）の承認を得なければならなくなった。被害を受けた住民だけでなく、大惨事を止め、石棺を建て、高度に汚染された地帯で仕事をした、八〇万人の「事故処理作業員」（リクビダートル）に関しても、いかなる信頼のできる疫病学的調査も実施されなかった。

また、最も被害を受けたウクライナ及びベラルーシの非常に非民主的な政府が、避難を実践するための諸問題を避け、また、彼らのやり方で、国際経済援助を利用するために、大惨事の影響をできるだけ小さく見せようとし、ついには、ベラルーシの医大教授、ユーリ・バンダジェフスキーによる、公式の見解を問題視した研究に対し、二〇〇一年に八年間の禁固刑を宣告したことは、すでに見てきた通りである。

それでも、その間、汚染地域には多くの病人がいたわけで、その人たちの存在を否定することは「原子力ロビーにとっても」複雑だった。そこで、彼らは次のような単純な説明をこじつけた。「これらの人々は、心因性の病人である!」と。

SFNE(フランス原子力エネルギー協会。数千の原子力産業の幹部を結集)の指揮をとるフランシス・ソランは、冗談でなくこう説明している。「事故は住民にとって、心臓障害、消化に関する健康障害への不安を伴った、おもに心因性の病気が顕著に現われた劇的事件であった」。これは文字通り、自らの真実に対する否定主義的な表明であり、しばしば、原子力支持者により繰り返されてきた文言だ。

奇妙な「市民社会」

チェルノブイリ二〇年後において、予期していた強力なメディア化が、原子力ロビーが人を安心させるような結果を公表する努力を怠らないよう後押しすることとなったが、公表に関してはとりわけ、原子力びいきの先入観を「人々に」与えるであろう、疑いのない人物や組織に担当させた。こうして様々な領域(NPO、NGO、教育機関その他)から、あらたな仲間を継続的にパートナーとして引き込んできたのだ。

このようにして徐々に、エートス及びコール・プロジェクトは、もはや原子力ロビーの意を体現する計画としては、派手に表に出ず、学際的、人道的ヒューマニストの計画として姿を変えた。さらに、〈コール・プロジェクト〉を発表する会議は、ときには協会とか組織によってのみリードされた。原子力産業が姿を現せば、必然的に人々の不信を買うことになるし、もはやそこまで彼らが出向く必要さえなくなっていた。配布された文書には、団体やNPOのリストの中心に、CEPNの略号が含まれていたが、ほとんどの人がそこに、EDF、コジェマ社、CEAが隠れていることを知らなかった。

しかし、エートス及びコール・プロジェクトに参加した民間団体（NPO）や組織は、どう考えていたのだろうか。その中のいくつかは善意から参加しており、情報遮断をする企業に加わっているという意識をもっていなかったことは明らかである。それに、最初にある複数の組織が原子力ロビー（CEPN、ムタディス）により集められたのなら、次の組織は、不信を買われないような組織によって招待されたのだった。スイス外務省の役割にはすでに言及したが、このスイス外務省の存在はきわめて「有用」だったようである。私共のネットワークは、なぜ〈コール・プロジェクト〉に参加したのか、いくつかの組織に聞いてみたが、多くの組織が、スイスのこの省との関わり以外には、どこからも融資を受けているようなことはないと主張した。コール・プロジェクトのオフィシャル・サイトを見ても、どのような「区分け」が行なわれているかわからない。

もっとも、原子力ロビーは、主要目的を達成している。つまり、エートス及びコール・プロジェクト［に参加した組織］からは、たとえそれが問題提起の範疇だったとしても、脱原子力が、あらたな原子力大惨事を避けるためのもっともよい手段である、というような主張が出てくることは決してないのだ。これらの計画が唯一発するメッセージは、要するに万一の場合は、原子力とともに汚染地域で生きることを受け入れなければならない、というものである。

さらに、国境のない遺産協会（Patrimoine sans frontière）は、たとえば二〇〇四年一二月二日に〈コール・プロジェクト〉のキャンペーンをしに、ボルドーで開かれた会議に参加していたのだが、他の何人もの発言者に混じっての演説の中で、非常に穏やかな調子で次のように説明した。「原子力はそこにあるのです。賛成も反対もありません、それと共生しなければならないのです」。これは奇妙な論理である、なぜなら、原子力がそこにあるから、反対してはならない、受容するのだ、そして、それゆえに好都合なものとするのだ。これは、まさに原子力支持者たちに期待されている演説である。原子力ロビーが、自分のイデオロギーを通すために堂々と鉈《なた》を振るうことも必要ないとは、「ＮＰＯやＮＧＯなどが積極的にそれを推進しようとしているのだから」まったく奇妙な「市民社会」である。

放射性の悪質な食べ物（２）

多分、皆さんは、チェルノブイリの影響に関する計画の組織化が、なぜこのようなマキャヴェッリ主義的理由によって動機づけられているのかと疑問に思うかもしれない。つまり「災害に関する真実は隠し、もしあらたな原子力災害が起こったら、同じ計画を繰り返せるように準備する」という理由について。ここで、ＦＡＲＭＩＮＧ、つまり、食糧及び農業復興管理ネットワーク（Food and Agriculture Restoration Management Involving Networked Groups）についてよく調べてみよう。

これは、欧州委員会により融資を受けた計画のことで、その目的は、「フランスの農業、食料及び農村の生活に影響を与えるような原子力事故が起こった場合に、戦略的決断を下すデータを提供することが可能な作業グループ」を設置することにある。しかしまた、「中心的な二つの問題」に関する仕事に取り組みもする。つまり、事故後の汚染された食品の管理、及び、生じた廃棄物の量を最小のものにして、農業生産領域に戻るための戦略を考える、というものである。この「廃棄物」とは、まさに汚染された農産物である。量を最小にするという意味は、これらの農産物の大部分は消費できる、と宣言しているわけである。

偶然のように、ＩＮＡＰＧが再び浮上してくる。ＩＮＡＰＧは、〈コール・プロジェクト〉にすでに関係していたアンリ・オラニョン（！）を含む何人もの責任者たちを介して、ＦＡＲＭＩＮＧに大挙して参加している。さらに、INAPGは、これらの異なる計画間の連結を次のように要求している。「FARMING計画の、フランスにおけるグループの責任者であるINAPGは、チェルノブイリ事故により汚染されたベラルーシの地域において、生活条件の「回復」を図るプロジェクト（〈エートス・プロジェクト〉1及び2そして〈コール・プロジェクト〉）の経験を生かします」。

INAPGは、FNSEA、牛乳の大量生産者、あの無視できないCEPNを含む原子力ロビーの関与について、こう引用している。「INAPGが進行役を果たしたこの過程には、FNSEA、FNPL（la Federation nationale des producteurs de lait　フランス全国牛乳生産者連盟）、CEPN及びIRSNに加えて、国立の農業研究所及び技術センター一〇ヶ所が合流した」

当然だが、FARMING計画へのフランスの参加者のリストは意味深長である。代表者の顔ぶれは以下の通り。

・原子力ロビー（CEPN、IRSN）

・AFSSA（フランス食品衛生安全庁）、この機関の計画への参加は、汚染食品の消費を保証する準備をするためのものと思われる

・農業省だけでなく、内務省及び国防省よりの国の代表（後述するが、原子力事故が起こった場合、自由は厳しく規制されるだろう）。

・農業生産者ロビー：FNSEA、INAPG、「地と文明」、また、フランスの農産物輸出専門組織、Sopexa。

この最後の組織（Sopexa）は、下っ端の地位にあるわけでは全然ない。「原子力事故後」の計画において、農産物の輸出を専門とする会社ができることは何か、考えてみて欲しい。

フランスにおけるチェルノブイリ事故の準備

原子力推進者及びその支持者の真のシニシズムを示す他の計画に、〈サージュ〉（原発事故によって、長期的に汚染された場合のヨーロッパにおける放射線防護文化の発展戦略〔サージュには、仏語で「賢い」という意味もある〕。英語で Strategies And Guidance for establishing a practical radiation protection culture in Europe in case of long term radioactive contamination after a nuclear accident フランス語で Strategies pour le developpement d'une culture de protection radiologique pratique en Europe en cas de contamination radioactive a long terme suite a un accident nucleaire）がある。

〈サージュ・プロジェクト〉のウェブサイトに、こう書いてある。「〈エートス・プロジェクト〉が終わった時点で、欧州委員会は、〔将来の原子力過酷事故の後〕西ヨーロッパにおけるその進め方の適用条件や手段に関して考察する価値があると認識し、その目的で〈サージュ・プロジェクト〉を支持する。このプロジェクトは、原子力事故後、或いは他のあらゆる事件後に、環境中に、たとえ低線量にしろ放射能が拡散し、長期にわたる放射能汚染が起こった場合の、実践的な放射能防護の訓練を発展させる戦略的骨組みを、念入りに準備することを目的とする」

ＣＥＰＮはさらに、二〇〇五年三月一四日と一五日にヨーロッパで、「放射線の監視、及び長期にわたり汚染領域に住む住民のための放射能防護の実践的訓練」と題するセミナーを企画し、〈サージュ・プロジェクト〉の成果を発表した。

Nogent/Seine での原子力事故の場合の計画的毒殺

別の例もある。この「放射能防護の演習」は、今やすでにオーブ県で実施された。この県は、ノジャン原子力発電所――パリに非常に近い［パリから八〇キロ東南］――、また、スレーヌ及びモルヴィリエに核廃棄物貯蔵地をもっており、原子力産業によってほとんど植民地化されていると言ってよい。

以下は、演習を示唆する文書の抜粋である。「オーブ県知事の要望に応じて、異なった作業部会が、ノジャン＝シュール＝セーヌにおける想定上の原子力事故の結果や管理に関心をもった。〈土壌と食物連鎖の除染〉と称するグループは、この県の農林局によ指導され、また、県の動物衛生局、県の農業部、それにＩＲＳＮの代表で構成されているが、事故後の汚染動物植物製品及び、農地の回復のための管理戦略を練り上げるために、想定事故後の地域農業に及ぼす結果を分析した」。

これらの訓練は、消費をさせない目的で汚染食品に目ぼしをつけているわけではない。この原子力事故後の計画に、ＦＮＳＥＡ、及び、フランスの農産物の輸出を専門とする Sopexa（フランス食品振興会。フランスの農産物輸出専門組織）が関わっていることに注目してほしい。

エートス及びコール・プロジェクトの［反面教師的な］「教え」もまた忘れてはならない。ＦＥＲＴは「放射線に対する質の改善を二五から三〇パーセントにし、また、生産高を二五〇パーセントに倍増するのに貢献した技術をもつ」、またＩＲＳＮは「大部分の汚染領域で、農産企業及び個人が現行法の規格に適った食料を生産している」といった自信過剰な声明をしている。

いかなる幻想も抱いてはいけない。原子力事故が起こった場合、住民は汚染された食品を消費するしかないことになるのだ。市民に危険を知らせる反原発の人たちは、もういないかも知れない、そうしたらどうなるのか。

原子力社会、警察社会、そして軍事社会!

一九七〇年代のスローガン、「原子力社会、警察社会」はまさに今、かつてない現実性をもったものである。こう補足することだってできる。「原子力社会、警察社会、そして軍事社会!」たとえば、FARMING計画に(フランス)内務省及び国防省が参加していることについての話に戻ろう。原子力事故が起こった場合、これらの機構が「秩序を維持する」使命を持つと考えることは、ある意味で論理的必然かもしれない。結局それが、これらの組織の存在理由なのだから。

さらにこのことは、二〇〇三年九月八日に、「原子力或いは放射線危機における各省間の委員会を設立する」という大統領令が発表された際、数々の市民団体により表明された懸念と矛盾しないようである。

原子力事故が起きた場合、反原子力の立場をとり、汚染の実情についてや、汚染食品を飲み食いすることが危険であるという情報を市民に伝えようとすることは、もちろん「政府にとって」好ましからぬことであろう。逮捕の理由づけはいくらだってある。「住民をあわてさせたり、『噂』を撒き散らしたり、原子力を課した後に原子力事故に直面した場合、『国家の統一』を強いるだろう政府の妨害をしてはならない」。原子力事故後に実施される、権威主義的な社会の危険については、ロジェ・ベルベオークの様々な論考の中で巧みに説明されている。

西ヨーロッパ、特にフランスにおいて、チェルノブイリのような事故が起こった場合、当局にやっとこのような方向に入り込むべきではなかったと認識させ、脱原子力の計画を急いで実施することにより原子力産業に弔鐘を鳴らすことになるだろう、と信じている人たちが多い。しかし、決してそのようにはなりそうもないことが懸念される。エートス及びコール・プロジェクトのような計画によって得られた教訓のおかげで、皆惨劇を乗り越え、汚染地域でまともに暮らし、「放射線量の少ない」食品を食べることができる、と説明されるだろう。

あらたなチェルノブイリのような事故が、原子力ロビーに過ちを認めさせ、彼らを、原発が消える運命に駆り立たせると期待することは、本末転倒である。本当のところは、原子力事故がないのがもちろん一番よいことである。これは明らかだである。チェルノブイリの住民が、大々的なヨード剤の配給、馬鹿げた事故のシミュレーション、あの有名な「リスクゼロは存在しない」の、気休めの声明により、あれほどひどい不測事態を受け入れる心構えを念入りに準備させられていたのは周知のことだ。

原子力に関して、リスクゼロは存在しうる。原発を閉鎖しさえすればよいのだ。

クリラッド−バンダジェフスキー研究所

チェルノブイリ周辺の汚染地域での、原子力ロビーにより実施された情報遮断に向き合って闘いを続けている人がいる。ユーリ・バンダジェフスキーである。脅迫やいやがらせ、財産没収にもめげず、刑務所のどん底で、準備を調え、熟考し、仕事をした。が、彼は一人ぼっちではなかった。世界中から、支持者の郵便物が殺到した。しかしとりわけ、彼はクリラッド、及びその独立研究所と実り多い関係を結んだ。このＮＰＯは、ヴァランス（フランスのドローム県）に拠点をもち、一九八六年にチェルノブイリの雲がフランスまで確かに到達した事実を明かした。以来、このＮＰＯは不安定な状況の中にありながらも、闘いを続けている。

必然的にクリラッドは、ユーリと、その夫人で、夫が禁固八年を科されたにも拘らず、彼の復帰を勇敢に準備したガリーナ・バンダジェフスカヤの歩む道にぶつかった。二〇〇五年三月二日、クリラッドはその声明で、ベラルーシに「クリラッド−バンダジェフスキー」と称する独立研究所を設立し、バンダジェフスカヤ夫人をまず起用することを発表した。そして、二〇〇五年八月五日、ユーリ・バンダジェフスキーはようやく釈放された。

もちろん、厳しい監視のもとでの自由ではあったが、勇敢なるこの教授は、間もなく賭けに乗り出すことに成功した。ベラルーシの「裁判」により要求された一万三八〇六ユーロの罰金は、クリラッドが自身の資金から貸付けをし、ユーリはクリラッドで仕事をするための最初の契約に署名した。

クリラッドにより、この罰金の返済及び研究所に融資するため必要な一五万ユーロが、二種類の方式で、市民募金を実施中である。この賭けは常軌を逸している。実際、クリラッドは補助金を一切受けておらず(NPOや管区の集団のために行なわれた調査や研究を除く)、会員及び共鳴者による寄付だけで成り立っているのだから。

しかし「奇蹟」が起こりつつある。二〇〇六年初めに、罰金の四分の三が、そして研究所のための三分の二が寄付金で賄われた。また二〇〇六年一月六日、罰金の支払い、なによりその勇気のお蔭で、バンダジェフスキー教授は、ついに完全な自由を取り戻した。少なくとも、ベラルーシにおいて獲得しえる自由を。真実のための闘いは続く。

結論:本調査に由来するいくつかの提案

1.CEPNの解体

ほぼマフィアとも言えるこの組織は、EDF、アレヴァ、CEA、及びIRSNを結集した、フランス国家に依存する組織である。フランス国家が責任を取ることができる(またそうしなければならない)。そうでなければ、代わりに、IRSNはCEPNを辞すべきである。なぜなら、経営者

（ＥＤＦ、アレヴァ及びＣＥＡ）の取り締まりをするはずの研究所であるＩＲＳＮが、それらと付き合い、その上、原子力事故に関する真実を隠蔽していることは弁解を許さないからである。

2．コール及びFARMINGプロジェクト、及び原子力事故の真の帰結を隠蔽したり過小評価する目的での、あらゆる率先行動へのフランスの組織の完全不参加

3．チェルノブイリの影響についての独立調査委員会の設置

特にバンダジェフスキー教授及びネステレンコ教授を公聴し、彼らの研究を知らしめる任務を負うもの。

4．バンダジェフスキー教授及びネステレンコ教授に対するフランス政府の謝罪

・バンダジェフスキー教授に対しては、彼のベラルーシでの五年にわたる幽閉に対して、フランス政府がフランスの原子力賛成派の組織を内密に支援したことで一部責任がある、という理由による。

・ネステレンコ教授に対しては、フランスの原子力産業により先導されたエートス計画の利益になるように、数ヶ所の独立測定所の運営を止めさせた、という理由による。

5．原子力事故の実際の影響に関する、住民の多元的情報の提供

特にフランスにおいて、食物に関して生じるであろう典型的シナリオ、及び低線量被曝による身体への傷害にはいかなる保険もカバーしえない、という事実や他のデータの提示。そしてその告白が必要である。

脱原発、もう一つのチェルノブイル事故を避ける唯一の解決策

フランス政府は、即刻脱原子力を決断し、可能な限り短期間で実施を行なうべきである。

同時に、フランスは、近隣の原子力保有国に対しても、脱原発を要求するため、訴えかけるべきである。

最後に、フランス及び、おおまかには欧州連合は、直ちに次の補足三項目に明確に述べられたエネルギー計画を実施しなければならない。

・エネルギー効率（同じ結果を得るのに、より少ないエネルギーを使う）

・エネルギーの節約（無用な消費を突き止め、それをなくす必要）

・再生可能なエネルギー：遅かれ早かれ、これしか残っていない

（訳：ブヴィエ・友子）

脱原発ネットワーク−725のNPO連合

www.sortirdunucleaire.org　連絡先：フランス 04.78.28.29.22

資料3

原子力ロビーが犠牲者に襲いかかる時

〈鍵となる嘘〉あるいは、チェルノブイリに刻まれた記憶をいかに消し去るのか

バーゼル大学医学部名誉教授、ミッシェル・フェルネックス

二〇〇二年二月二二日

(クリラッド機関紙トレ・デュニオン二二号からの抜粋)

保健衛生の分野で、誤った「ロビーにとっては都合のいい」結論を導き出す科学的作業をアングロ・サクソン系の著者は〈キー・ライズ〉という。つまり〈鍵となる嘘〉である。この手の研究に資金をたっぷり出しているタバコ産業ロビーは、そうした研究のおかげで、衛生当局や特にWHOに対して、タバコ産業ロビーが、数十年間も圧力をかけて、タバコ中毒への闘いに介入させないようにすることができた。

二〇〇一年に経験した出来事「〈エートス・プロジェクト〉をめぐる問題」は、タバコ産業ロビーよりずっと強力な、チェルノブイリの痕跡を消し去ろうとするもう一つのロビーである原子力ロビーのやり方を再考せずにはいられない。国、あるいは保健衛生局(米国ならFDA)の監察から逃れ、原子力産業を陰で擁護する刊行物を出版できるように、このロビーは、健康問題が起こらぬよう遮断するためのあらゆる手を尽くさねばならない。

原子力ロビーは、専門家に言わせると、不可避的に発生するであろう次の原子力事故に備えるために、特にガイドラインを作ることを目指している。事故が起こった時に、まず優先することは、経費の節約である。これは、放射線の低線量被曝には有毒性がないとする教義が不可侵なものになることを意味する。

二〇〇一年以来のベラルーシにおけるいくつかの事例は、この目的のためにロビーが行なおうとしていることが何なのかを明らかにする。それは、NGOの形体を持った組織によって企画され、大学などの学際的研究グループが加わった〈エートス・プロジェクト〉、〈チェルノブイリの交差点〉によって、現場で作業を行うものである。

事故が起こると、まず優先されるのは、経費削減

〈エートス・プロジェクト〉の名の下にまとめられた農学、社会学、技術、物理学などの教員や博士課程の学生たちは、汚染地域で働いた。原子力ロビーが彼らに課した役割は、そして、それについて彼らが恐らく無頓着だったことは、すでにそこで機能していた住民のための放射線防護組織を排除した［排除させた］ことである。実際、この国の放射能汚染の重大問題や住民の健康への影響について注意を促す活動は、原子力ロビーにとっては、容認しかねることなのである。

チェルノブイリの真実をねじ曲げること、あるいは、故意の言い落としによる嘘

〈エートス・プロジェクト〉で行なわれた研究は、ストリン地区のいくつかの村々に限定される。原子力事故と、放射性核種で長期的に汚染されたベラルーシのある地方の管理について得られたデータをもとに、本を書くことも可能なはずだ。［もし実現すれば］その本は、欧州連合から資金を出して出版されるほど、特権的なものとなるにちがいない。このような出版物を読んで、読者は、子供たちの健康悪化や若死の増加に気づかないわけにはいかないだろう。それは、この地区が最も多量の放射性降下物に見舞われた地方と同じほどの人口の激減を示しているからだ。

私たちは、二つの行事で、エートス・グループのメンバーと知遇を得た。一つは二〇〇一年四月二六日（チェルノブイリ記念日）に、パリ第七大学が催したもので、もう一つは、同年、一一月一五―一六日、ベラルーシ南西部のストリン地区で、CEPNによって組織された会合で、雇用された大学人たちが、政府と行政責任者たち、また国際組織や国、とりわけ欧州連合の代表者たちに対して、活動の成果を発表する場だった。

パリ第七大学は、四月二六日、プレス資料のなかで、CEPNを紹介した。この組織の正式名は、〈原子力防護評価研究所〉で、一九〇一年の法律に基づいた非政府組織NGOであり、NPO（非営利市民団体＝アソシアシオン）である。EDF（フランス電力公社）、CEA（フランス原子力庁）、それにラ・アーグの再処理工場を管理しているコジェマ社（現アレヴァ社）によって創設された民間団体だ。原子力ロビーのこの組織は、チェルノブイリによって汚染された地域に派遣されているいくつかの研究グループ、とりわけエートス・グループの連携を調整している。

〈エートス〉の創始者の一人は、現場へチームが介入していたことを明らかにしながら、学際的なチームが関与した地域における継続的調査がないことを悔いていた。これらの計画には医学的側面が弱いという説明のつかない欠陥を嘆いてみせたのだ。

放射線防護チームの作業に終止符を打つのを〈援助する〉こと

〈エートス〉の責任者たちは、二〇〇一年に完了することが予定されていた〈エートス・プロジェクト〉で、ストリン地区に関与しながら、ベラルーシのチェルノブイリ問題省に、ワシーリ・B・ネステレンコ教授に指導されたベルラド放射線防護独立研究所を現場から撤退させるよう要請した。しかし〈エートス〉の責任者たちは、この研究所の測定データを、数年前から使っていたのだ。

二〇〇一年一月二五日付けチェルノブイリ問題省のベルラド研究所所長宛の手紙にはヴァレリー・シュヴチュークが署名しており、彼らの依頼によって、〈エートス2〉のために、ストリン地区の一連の村々の管理をベルラド研究所から取り上げるという通告であった。

ベルラド研究所が食糧や牛乳の放射能を測定するために養成した人材を使った〈エートス・プロジェクト〉は、時折、彼らに倍の仕事を押し付けながらも、測定師たちに、残業手当を支払うべきだとは考えもなかったようだ。〈エートス・プロジェクト〉が、放射能防護センターに測定データを記録するために導入したコンピュータは、今、国の行政に移管されている。こうして、ネステレンコが設置した組織は、次第に消滅しつつある。〈エートス・プロジェクト〉は、発展のための技術援助の正反対のことをしているのである。

事実、数年前から、国と民間財団の援助を受けていた放射線防護のこの小さな組織・ベルラド研究所は、住民に食糧と牛乳の放射能測定を無料で行なっていた。ベルラドが養成して仕事をしていた職員たちは、放射線防護に関するアドヴァイスを、住民家族に与えていたのである。

その他、ホール・ボディー・カウンターを設置してあるベルラドの移動式測定所は、年に二回、人工放射性核種、とりわけ学校の子どもに蓄積していたセシウム（Cs137）の量を計っていた。子供たちの中で最も汚染のひどい子供たちに対しては、間欠的に施されるペクチン剤の療養を行なっていた。ペクチン剤はりんごをベースにした補完剤で、臓器にあるセシウムの排除を促進させる。

一九九一年に創設されて以来、政府からの財政援助を受け、ベルラド研究所に管理された三七〇の地域放射線防護センター（CLCR）が、ベラルーシの最も汚染のひどい町や村に設置され、関係官庁は、ネステレンコの公表する測定結果を定期的に受け取っていた。一九九六年から、これらの報告は、季刊の報告書となった。

しかし、同じ年から、CEPNの様々な刊行物の共同著者、チェルノブイリの政府委員会の副会長I・V・ロルヴィッチは、現在まで、八三までCLCRの数を減らし、そのうち、五六だけが政府の財政支援を受けている。他の二七はドイツのNGOの支援を受けている。ベルラドの測定報告二一号は現在、印刷中だ。これが最後になるだろう。というのもアメリカの財団からの六〇〇〇ドルの寄付が刊行物を出すことを可能にしてきたのだが、それが打ち切られたのだ。［訳注：現在、全ての地域測定センターは閉鎖されたままだ］

開発援助の逆

貧しい国を援助しようとするとき、基本原則の一つは、一時的であっても、現存する構造を他のものにおき替えることなしに、むしろ、それを補強することである。こうして、外国チームが帰った後、現場には、よく教育され、設備も得て意欲のある人材が、必要な継続作業をすることになる。

パリ第七大学で、そしてその後に電話で、〈エートス〉の責任者たちは、彼らがやろうとしたことは、ネステレンコのチームを排除することではなかったと私に表明した。そして、将来、ベルラド研究所は、すでに立案されていた未来のヨーロッパ・プロジェクト〈エートス3〉に包括されるというのである。ネステレンコは、〈エートス2〉のプログラムの成果が発表されるストリンの国際セミナーに招待されるであろう、と言うのだ。

この時期、ネステレンコを〈エートス3〉プロジェクトに組み入れるという〈エートス〉の責任者たちの約束は誠実そうに見えた。フランスの大学人にしてみれば、ベラルーシのNGOを、二〇〇二年一月二六日に企画書提出予定の彼らのプロジェクトの中に組み込むことは、欧州連合から大きな予算を獲得するためにも、有効だと思えたのだ。このプロジェクトのなかに、ベルラドが場を獲得するとネステレンコへ公式に通告されることになっていた。口頭による励ましを受けて、彼は、放射性降下物によって非常に汚染された村々の子供たちを支援するための具体的なプロジェクトを提出した。

しかしながら、秋になると、二〇〇一年一一月にストリンで予定されているセミナーの予告プログラムには、約束されていたようには、ネステレンコの名前は掲載されなかった。

私が介入した後、この〈忘却〉は修正された。しかし、セミナーに続く一一月二〇日にミンスクで行われた会合にも、またそれに続く二〇〇二年三月六日の会合にも彼は招待されなかった。

ベルラド研究所を現場から追い出すこと?

二〇〇二年一月一三日、つまり二〇〇一年に告示された欧州プロジェクトの計画書の申請日（二〇〇二年一月二六日）の数日前、ネステレンコはエートスから連絡を受け、今から五日以内、一月一八日までに返事をするように要請された。それは、ベルラドの移動式放射線測定チームの欧州プロジェクトへの編入ではまったくなく、放射能防護のマニュアルのなかのひとつの章への執筆参加への要請だった。課題だったベラルーシ南部の子供たちの放射線防護への援助計画には一言もなく、エートスへ、ネステレンコ教授がこの問題について提出した実施要領にも触れられていなかった。失望したにもかかわらず、ネステレンコは、この依頼について、期限内に前向きな返事をしたのである。

二〇〇二年一月二五日、エートスのために仕事をしているムタディス・コンサルタント事務所は、今後の計画についてヴァンサン・ヴァレールの署名付き手紙を送付し、四月一一日にパリで、宛先人達を〈エートス〉クラブの会合へ召集した。ネステレンコ教授は、ここでもまたもや、二〇〇一年ストリンのセミナーに言及しているこの手紙の宛先人とはならなかった。私が驚いたので、ムタディス事務所は私に、ネステレンコはパリの四月一一日の会合に招待されるだろうと、返答してきた。そして、確かに、後になって招待状は送られたのだった。

原子力ロビーの執拗さ

この状況を見ると、仏電力公社、原子力庁、アレヴァの代表であるCEPNは、チェルノブイリの記憶を何としてでも消去したい国際原子力ロビーの確固不動たる論理に協力しているように見える。「ベルラド研究所による」食品の汚染の日々の測定、年に二度の放射性セシウムのホール・ボディー・カウンターによる測定は「チェルノブイリの」惨事の受入れがたい警告である。年を追って、ネステレンコ教授は、これらのデータを公表し、政府に提出する。だが、食料品と住民への放射能状況、とりわけ、子どもの状況は、改善されるには遠く、悪化していることを認めざるを得ない。

食品のセシウム137の汚染の増加は、農業者が肥料をより少なく使用しているため、とりわけ、植物によるセシウムの吸収を減退させる役割のあるカリウムをあまり使わないからだ。

そのうえ、非常に汚染された土地を以前にも増して開墾しているからである。農作物が全国に流通されるので、人工放射性核種の負荷は住民全体に増加しているのである。ネステレンコは、首都ミンスクにおいても、現在、体重との関係で、キロあたりのセシウム１３７が五〇ベクレル以上の数値が測定され、一〇年前にはなかったことだと警告を発する。

この事実を覆い隠そうとする原子力の推進者たちは、〈体温計を壊さなければならない〉のであり、解熱させるためではなく、誰もがこの事実を知らないようにするためなのである。高熱、あるいは子供たちの臓器に蓄積された放射能、それを測定することはもはやできない。ネステレンコは、「原子力ロビーの圧力により」彼が行っている事業を止めなければならないのだ。

健康に対するセシウム１３７の放射性毒性の効果を無視すること

九年間、ユーリ・バンダジェフスキーとゴメリ医科大学の協力者達は、セシウム１３７の放射性毒性について研究し、他の組織体に比べ、多いときには五〇倍までも、内分泌腺や心臓のようなある特定の臓器に濃縮することを発見したのである。セシウム１３７の平方キロあたり五キュリー（185,000 Bq/m2）以上汚染された地域において、この健康に対する否定的な衝撃は、ほとんど全ての子供たちの健康を害しているのである。

放射性セシウムの蓄積による病気に関する研究活動により、バンダジェフスキー教授は、その後棄却されたものの、癒着の告発によって、八年間、強制収容所に送られる（アムネスティは、この件を「沈黙する学界」と批判した）。バンダジェフスキーによって創設されたばかりの医学部の医者や、昔の協力者達は、職を失った。彼らは、彼との共同著者として、これらの刊行物に名前を連ねるべきではなかったのだ。

ストリンのセミナーでは、〈エートス〉は上質光沢紙にカラー印刷された図表を配り、ほとんど全ての発表者のプレゼンテーションはデジタルデータで上映された。資料の五七ページに、反論を受けたセシウム１３７の臓器への均質的な分布の仮説をベースにして、体内線量が計算されてある。

それにひきかえ、ひとりの地元の小児科の女医が説明するために手に持った手書き図表は、上映されなかった。他の人たちの報告に反し、彼女のその図は、デジタル化されていなかったのである。それらの図表は、入院の数が増加しており、一九八六年―八七年に一〇〇〇人の子どもに対し、約一五〇件／年、一九九〇年に一〇〇〇人の子どもに対し、五〇〇件／年、二〇〇〇年では一〇〇〇人の子どもに対し、一二〇〇件／年［汚染地区では、一人の子どもが入退院を繰り返すことが多く、分母の一〇〇〇人を超えることがしばしばある］の増加を示しており、上昇カーブは、下降する気配は全くない。

厳しく慢性化する疾病は増加しており、おおよそ健康だと言える子どもの比率は八〇パーセント以上から二〇パーセント以下に落ち込んだ。しかしながら、これらの子供たちは、ストレス状態ではなく、家族は移住しておらず、彼らは相対的に食糧の摂取はよかった。すなわち、幼稚園から全ての学校教育の期間中、教育に当たられた予算のうち、五〇パーセントは、一日二―三食、週四―五日の食材に当てられている。

しだいに子供たちの健康は悪化しているように見える。この悪化の原因は、環境中の放射能汚染と関係がある。一平方キロに対してのセシウム量が五から一五キュリー（185,000 Bq/m2～555,000 Bq/m2）の汚染地域では、子供が正常に暮らす、生き延びることができるようには見えない。

この地元の小児科の女医による医学報告も、図表も、〈エートス２〉の報告書に掲載されていない。たぶん、それらのデータは、原子力ロビーに不都合だったからだ。

フランスの専門家の発表では、ストロンチウムにほとんど関心が表明されていないのに驚いた。しかし、大地にも、水の中にもストロンチウムは発見されているので、当然、食物連鎖のなかにあるのである。ストロンチウム９０は、セシウム１３７のように、半減期が約三〇年である。ストロンチウムとセシウムの放射性毒性における相乗作用を研究することは本質的なことだ（この主題は、ある時期、ゴメリの医学部で研究されていた）。〈エートス〉の他の専門家のなかで、だれも、チェルノブイリによって撒かれた他の放射性核種を取り上げるものはいなかった。

〈エートス・プロジェクト〉における、フランスの大学人による限定された農場への関与は、提供された質のいい種子や完璧に分配された肥料、必要な時期に与えられた殺虫剤により、農作物の生産の向上に貢献した。ジャガイモの生産は以前より豊富になった。この農作物にはセシウムが少ないので、販売することもできた。二〇〇二年以降、農業に対する投資は、一〇家族ほどの農家に限らず、数千人の子供たちが暮らす関連する地域に拡大されるべきであろう。

しかし不幸なことに、これらの活動が住民、とりわけ子供たちの健康状態を向上させることを示すことはできなかった。すでに、パリ第七大学で、〈エートス〉の農学責任者アンリ・オラニョン氏は、私に言った。「私たちはいい仕事をした。しかし、子供たちはますます病気になった！」と。この意味で、〈エートス２〉の経験は、失敗と言えるのである。

〈エートス〉報告書のなかに、セシウム１３７の体内線量の継続調査と子供たちの健康状態の悪化を示す曲線を、全面的に統合しない限り、プロジェクトの結果の提出は、本質的な部分を欠いた不完全なものと裁定せざるを得ない。つまり、健康についての基本的なデータの不在と、放射性核種の体内の線量負荷についてのデータの不在は、〈故意の言い落としによる嘘〉、あるいは原子力ロビーが欲しがって止まない〈鍵としての嘘〉であると、ますます私たちを信じ込ませずにはいないだろう。

チェルノブイリの影響評価において、〈故意の言い落としによる嘘〉は、実際、タバコ産業ロビーが、世界保健機関が反タバコ・キャンペーンを行うのを避けるために、何十年もの間、大々的に使って来た〈鍵となる嘘〉に似ている。同じ動機（まず優先的にロビーを守ること）によって一部を排除された資料は、原子力管理当局や市民に対して、原子力産業が情報を遮断し続けることを可能にするにちがいない。

この文脈上に、二〇〇二年二月一二日に『フィガロ』紙に掲載されたファブリス・ノデ＝ラングロワの記事がある。イスプラの欧州連合研究センターによって刊行されたヨーロッパのセシウム汚染地図は、三五万数地点の測定に依拠したものだが、フランスからは三五地点のデータしか受け取っていない「から正確な汚染分布図を作成することは困難だ」という。この作業を行った責任者ド・コール氏は、フランスの協力姿勢があまりにも中途半端なものであることを嘆いている。『フィガロ』紙によると、IPSN[†1]の代表者アニー・シュジエ女史は、欧州の汚染地図は不備である故偽造だと表明した。「この虚為についての〈告白〉は、厚生省から独立した責任者によって行われた」とOPRI[†2]（ペルラン教授のSCPRIの後継ぎ組織）会長ジャン＝フランソワ・ラクロニックは、上司である大臣ベルナール・クシュネールへの覚書で強調した。覚書の中で、ラクロニック自身もまた、周囲にいた部下たちから「国が嘘を言ったのか」と尋ねられて、「これは、言い落としによる故意の嘘だよ」と言い放ってしまったことは、覚書に

†1　原子力防護と安全研究所は一九九〇年以来、原子力庁の研究機関であったが、今日OPRIと合体して、二〇〇一年、IRSN（放射線防護と原子力安全研究所）となった。産経省、防衛省、厚労省に従属した機関。

†2　仏国立放射線防護局で一九九四年に設立された組織で厚生労働省に従属していた

は書かなかった。

二〇〇一年末まで、〈エートス〉の責任者たちは善意のもとに動いていると私は思ってきた。このクラブの大多数の大学人たちは、そうだと確信している。それにしても、健康に対する体内に取り込まれた放射性核種の影響の研究が、たとえば、子どもの放射性セシウムの体内の負荷を測定するベルラド研究所の測定班を支援することや、あるいは環境の放射能汚染度と子供たちの健康に関するデータを発表することにまで及ぶとき、そこでは国際原子力ロビー、この場合、ＣＥＰＮが最後の言葉を握っているのである。

大学人たちが帰国して、住民は振り出し点に戻った。しかし、放射線防護のための援助は〈エートス〉介入前より少なくなった。すなわち、地域放射線防護センターは、それらの設備の一部を失い、全てのデータを取り込んだコンピュータはなくなり、測定技師達はやる気をなくし、彼らの仕事に対する実給は支払われないままだ。

ＣＥＰＮは、科学的厳格さを大事にする大学人たちに満足できる枠組みを与えられるだろうか。


ベラルーシにおける原子力ロビーのその他のプロジェクト

仲介者たち（その時々の必要性に応じて、名前が変わるのだが、ここでは「チェルノブイリの交差点」という組織）のおかげで、原子力庁の専門家から二〇〇一―二年にかけての冬のあいだ、支援を受けた原子力ロビーは、ストリン地区以上に汚染されたチェルノブイリにより近い地方を今こそ復興させねばならないと、ベラルーシの行政といくつかの官庁の代表者たちを説得した。目標は、四〇キュリー／平方キロ（1,480,000 Bq/km2）、あるいはそれ以上の汚染のある場所でも、生活や仕事、そして農作業が可能なことを見せるためである。また様々な助言や教育用ツールの提供を通して、これらの土地は、子供たちの健康への影響もないことを示すためである。

住民保護のための自身の作業と支援を、エートス・チームにさんざ利用されたネステレンコ教授は、二〇〇一年春に、それでも、その住民保護計画の作業のプロトコルを作成したのであったが、彼に約束されていた住民保護のための支援は反故となり、心臓専門医と眼科専門医が増強されたベルラド研究所の四五人の技術士、放射能測定技師、科学者が援助を受ける可能性も少ない。CEPNによる、チェルノブイリの降下物によって高度に汚染された地域に生活せざるを得ない子供たちの健康改善のためのネステレンコの活動への支援は、もはやユートピアに過ぎないことが証明された。

もし、原子力ロビーの指令に従う専門家たちが、チェルノブイリ原発三〇キロ圏内の避難地域も含む全ての土地を再度占拠する目的のために、短期間のうちに、平方キロあたりセシウム１３７が五―四〇キュリー（185,000 Bq/m2 ― 1,480,000 Bq/m2）、あるいはそれ以上に汚染された地域で、ジャガイモの栽培や、観光化のための保全された自然保護地域の創設をし、労働者やその家族が定住も可能だというなら、彼らの報告書は、子供たちの悲惨な現況のすべてを故意に言い落とさなければなるまい。

結果として、原子力ロビーは、能力の高い独立した小児科医、眼科医、内分泌腺科医、免疫科医、そして充分設備を持った測定技師たちを排除しなければならないのである。健康の専門家の不在は、〈故意の言い落としによる嘘〉に基づいた〈鍵となる嘘〉に行き着く。つまりこれは、根本的な資料［測定データや他の基本データ］のことであり、原子力ロビーが一六年間、何といっても必要だった［隠蔽するために、またロビー内で秘密裏に研究するために］ものなのである。

この規模の〈故意の言い落とし〉を含んだプロジェクトを前にして、また同時に共同出資者でもあった大学人たちは、「ノン」（否）と言うことを知るべきではないだろうか。

五キュリー／km² = 185 000 Bq/m2
一五キュリー／km² = 555 000 Bq/m2
四〇キュリー／km² = 1480 000 Bq/m2

資料5

第三回ICRPダイアローグ・セミナーより

——ジャック・ロシャール氏の発言の問題点

七月八日伊達市

安東量子氏の発表の後、質問（男性）：

今のいわき市の小学校の給食では福島県産を使っていないという状況がまだ続いていますでしょうか。三月、六月にそういうお話を伺っていまして、授業が終わった後に校長先生に——さきほどの多田（順一郎）さんの二つの食卓というお話とまったく一緒で——、不安な気持ちは理解できるけれども、福島県のみなさんが福島県産を召し上がらなければ、福島県以外の方達に食べてくださいというのはとても言いにくいんじゃないんでしょうか。学校で、何とかそういうことを打開できる道はないんでしょうか。

ただ、校長先生にお話ししても、校長先生が解決できる問題じゃないということは承知してまして、これから私は何をやったらいいのか悩んでいるところなんですが、安東さんから、自分たちで考えて測定もできる、そういういろんな仕組みをこれまでご苦労されて皆さんが取り組まれていると伺いまして、とても心強く思いました。まず、いわき市がどういう状況なのかということと、それが打開できる手段について何かコメントいただければと思います。

安東氏の回答の後のジャック・ロシャール氏の発言

そろそろ、このセッションも終わる時間ですが、重要な質問なので、コメントします。というのは、今われわれが直面しているのは、福島の汚染されていない食品、非常に汚染度の低い食料が幼稚園や学校で使われることを、親が拒否している状況であり、これは憂うべき事態です。なぜなら、福島の人が福島産のものを拒絶していることが知られたら、被害は甚大です。東京の人が拒絶するのはいいですが、福島の人ですら拒絶するというのは……。しかし、安東さんが言ったように、科学的論争で人を説得することはできません。午前のプレゼンで順一郎（放射線安全フォーラム多田順一郎氏の「食品問題の解決に向けて」のことか?:）が提案したことは、科学者にとってはいい、われわれのような専門家には彼が言っている技術的なことはよく理解できます。しかし、素人には理解できない。お母さんたちや学校の先生——たとえば高校の地理や国語の先生——にわかると思いますか?

これを解決する方法はできるだけ間接的にすることとです。間接的にどうやるかというと、放射能防護の現実的な文化に向かうのです。ベラルーシでは、食べ物について、子どもの健康について心配している母親たちがいました。心配しているということは、何かをする心の準備があるということです。そこで、一緒に話し合おう、一緒に現状について理解し合おうということです。これは少しずつ、段階を追ってやる。

最初に、村の食べ物は汚染されていると言うのです。そして、汚染されるというのはどういうことか知っているか、と尋ねます。母親たちは知っているけど、実際にはよくわからないと言います。それじゃ、生産物を計測してみましょう。そして、ジャガイモを計ってみるのです。そうすると、汚染されていないジャガイモ、ちょっと汚染されているジャガイモ、酷く汚染されているジャガイモがあることがわかります。そしてわかってくるのです。ジャガイモは同じではない、いいジャガイモ、それほどよくないジャガイモ、悪いジャガイモがあるということがわかってきます。ああ、わかった、じゃあ、いいジャガイモを食べれば問題ないのだ。ティエリー（・シュネイデール）氏が今朝のプレゼンで話したように、私たちはベラルーシのある村で母親たちと、線量計測をたくさんしました。

そうすると、ある日の食事で摂取される汚染度の一番酷いものが出てきます。それは一日数百ベクレル／kgというものでした。その村で一番線量が少ないのが一日数十ベクレル／kg、たとえば、二〇―二五ベクレル／kgという数字でした。こうすれば、科学的知識など知る必要ないのです。その村の一七人の母親が理解したことは、一日の摂取線量を二〇分の一にすれば、食べ物の質が保てるということでした。これ以外に何もする必要はありません。これですべきことは終了です。後は皆にどうするか教えればいいのです。

最初に教えることは、この地区に汚染されていない食べ物があるということです。汚染地域ですから、より低い線量のものが汚染されていない食べ物ということです。汚染地域に関する限り、平均値というものはありません。多様だということで、白か黒かの世界ではないのです。

白も黒も、その他に多くのグレイ・ゾーン、薄いグレイや濃いグレイの所があるということです。これが「管理」で、もちろん白を探すのですが、白とは何を意味するのか、汚染されていない、いい食べ物とは何を意味するのか、薄いグレイとは何を意味するかを知ることです。

もちろん、黒い部分だけ避ければいいわけで、害はないのです。これが「自己健康防護」ということです。また、グレイといっても、どの程度のグレイならいいかも自分で決めるのです。ある人は白でなければいやだと言い、ある人はちょっとしたグレイなら生きていけると言う。これは自己選択です。

昨日のディスカッションで、あるお母さんたちは子ども用の食事と年寄り用の食事を分けると言っていましたが、これも一つの戦略です。自分の家族にはどの戦略がいいか自分で決める。

昨日のプレゼンにあった、スカンディナビア半島のサーミ人はトナカイを調理する場合、子ども用の台所と、その他の家族用の調理場とを区別しています。これが個人個人の戦略ということで、自己健康防護を身につける方法です。これが人々を啓蒙する方法で、ノウハウを生徒に教え、先生達を使って、［学校で］実際に練習させることができます。

最後にもう一点言っておきたいのは、安東さんが言っていたように、この問題は非常に複雑で、多くの情報があります。彼女も最初はすべて計り、メモをしていましたが、しばらくすると、状況把握ができてきて、この重荷を減らすことができ、最後にはそれは人生の重荷ではなくなるということです。単に気がつく、注意を向けるということになるのです。

※本セミナーの動画は左記のアドレスから閲覧できる。ロシャール氏の発言は二六分二五秒あたりから
http://ethos-fukushima.blogspot.jp/2012/08/icrp_2.html

ジャック・ロシャール発言の何が問題か

住民の抱えている問題に寄り添って話しているようにみえるJ・ロシャールの語り口からは、あたかも住民と同じ立場に立って、心情を分ち合い、真実を語っているかのように受け取られかねない落とし穴がある。問題点を整理しよう。まず第一の根本的な問題点として、この人は、仏原子力ロビーから国際原子力ロビーに活動を広げ（昇進し）、推進側のコミュニケーション戦略の要にいる人であることを忘れてはならない。この人が、なぜ原発産業の根本問題とその責任を反省することもなしに、あたかも被害者である住民代表のように、放射能汚染問題を語れるのだろうか。そのうえ、基本的には、低線量被曝問題は存在しないと考える

ロシャールは、郡山の小国地区に来て、「ここはパリと線量が同じだから、外で何をしても全く心配ない」とのたまわったという（ちなみにパリの空間線量は〇・〇五三―〇・〇〇六〇マイクロシーベルト／時）。彼の最後の発言「……彼女も最初はすべて計り、メモをしていましたが、しばらくすると、状況把握ができてきて、この重荷を減らすことができ、最後にはそれは人生の重荷ではなくなるということです」という言葉のなかにも、この低線量被ばくは、彼にとって全く問題ではないことが窺える。

ロシャールには、汚染地域にそのまま居住せざるをえない状況の住民を避難させるべきだというオプションは、最初からない。彼はコスト／ベネフィット論者のプロであり、住民を避難させるには費用がかかりすぎると判断しているからであろう。あたかも「科学者たち（原子力ロビーに属する）は、正しいことを言っているが、住民は正しい知識を持っていないので、理解することができない。だから、正しい放射線防護の教育を授けなくてはならない」と、言わんがばかりの発言である。そして、住民が放射能汚染から自分を守るために、自己責任論を押しつけてくるのである。この論理でいけば、諦めと絶望のなかで、放射能に対する防護は自分でやるしかない（台風に遭遇した犠牲者たちのように）という倒錯した論理を知らず知らずの間に、傍聴者に受入れさせているのである。

東電や国や県が責任ある対策をろくにとらないから、致し方なく住民が「あくまでも」応急対策として、自ら防護を考えなければならないからそれを学習する、ということと、原発推進側の人間がわざわざ日本にやって来て、それについてのいっさいの責任を自らに問うこともなく、福島で〈エートス・プロジェクト〉を展開し、長期に渡り住民に、それがまるで自己責任であるかのごとく、防護対策を教育することとは、内容の類似性はあれ（これが落とし穴なのだが）、根本的に異なった質の立場の問題であることは、熟慮すれば自ずと明らかであろう。この違いを、市民の側がはっきり確認できないなら、推進側の戦略に呑み込まれていくしかないのである。

図版資料

資料4　ストリン地区の住民の健康状態の推移
1986 - 2011

p. III (241) ～ V (239)

＊本書第2章でも述べられているとおり，本資料は，ベラルーシの政治的状況もあり，情報源を公開できない．著者であるコリン・コバヤシ氏から譲り受けた資料を編集部で出来うる限り，再現したものである［項目に補足を加えた箇所は数カ所かある］．一部，分母の千を超える数値があるが，汚染地区では，1人の人間が入退院を繰り返すことが多く，このような数値が出るようだ．また，本資料には，ところどころ「空白」があったり，なぜそのような数値になるのか，表の整合性だけでは一部測りかねる数値もあるが，資料の「再現性」を最優先させたことをお断りしておく【編集部】

年	1986	1987	1988	1989	1990	1991	1992	1993
ストリン地区の住民数（百）	92,8	91,8	91,7	91,4	91,2	90,3	89,3	90,4
青年	4127	4060	4054	4150	4103	4093	4101	4031
14歳以下の子ども	24685	23841	23273	21841	21693	21361	21119	20885
一歳以下の乳児	1540	1356	1388	1327	1198	1281	1312	1390
出産数（死産、出生後死亡等を含む）	1508	1482	1466	1402	1314	1314	1356	1454
死亡数	906	988	955	925	995	1061	990	1132
子ども千人につき死亡数	19	20	16	18	21	9	14	19
千人につき出生数（全体）	17,1	16,2	16	15,3	14,4	14,3	15,1	16,1
千人につき死亡数（全体）	9,6	10,8	10,9	10,2	10,9	11,6	11,1	12,5
千人につき自然増加数（全体）	7,5	5,4	5,1	5,1	3,5	2,7	4	3,6
千人につき新生児死亡数	11,8	13,5	10,9	12,9	14,5	6,8	10,3	13,1
千人につき２歳児以下の乳児の死亡数	2,9	2,8	2,7	2,8	2,2	0,8	1,5	
子どもの一般的罹患数	7461	5078	8769	11957	13669	12743	12748	17665
子ども千人につき	302,3	216,3	376,7	547,5	630,1	599,4	602,2	845,3
青年の一般的罹患数						2436	2096	2738
青年千人につき						595,2	511,1	679,2
成人一般の罹患総数	19480	20512	30960	38033	38363	40034	36029	41283
成人千人につき	285,9	300,2	452,6	547,2	551,9	615,5	559	630,4
子どもの初期の疾病数	3830	1481	5716	6381	8101	7654	7901	12739
子ども千人につき	155,2	63,1	245,2	292,2	373,4	360	374,1	609,9
青年の初期の罹患総数						1320	1284	1798
青年千人につき						322,5	313,1	446
成人千人につき	102,6	71	181,1	227,1	226,8	226,9	230,3	296,9
千人につき一般的罹患数（成人，青年，子ども）	290,5	278,8	430,3	546,9	570,5	611,4	563,1	682,3
千人につき初期罹患数（成人，青年，子ども）	115,5	68,9	197,4	242,5	261,7	288,7	261,4	375,9
千人につき腫瘍性罹患数	262,8	231,2	197,5	258,5	207,7	189,4	233,9	241,2
転移段階の腫瘍	18,9	20,4	19	31,1	25,9	18,3	23,3	21,3
千人につき腫瘍による死亡数	97,9	166,8	173,4	121,9	158,8	129,8	142,2	151,6
千人につき結核による一般的罹数	196,8	178,8	172,2	160,4	148,1	135,9	126,5	134,9
千人につき結核による一次性罹数	40,4	29,4	35,1	40	31,6	34,8	38,1	32,1
千人につき結核による死亡数	4,1	5,4	3,3	4,4	3,1	3,3	3,2	0
出生数（死産、出生後死亡等を除く）	1549	1381	1397	1293	1209	1238	1313	1368
千人につき死産	14	14	8	8	10	8	6	11
千人につき出生直前の死亡数	11,5	13,6	7,8	10,8	10,7	8	8,1	5,8
千人につき死産児数	3,9	3,9	2,1	4,6	2,5	0	2,9	1,5
千人の早産死産児につき死産児数	8,9	10	5,7	6,1	8,2	7	6,1	4,4
出生前検査%	81,6	84,5	84,5	82,9	85	83,9	85,3	80,4
中絶の数（絶対数）	1160	957	840	570	353	358	401	398
熟成年齢の女性千人につき中絶数	62,5	51,6	53,5	37,9	25,4	23,7	31,7	30,4
出産適齢期の女性千人につき、中絶数	74,9	69,3	60,1	44,1	29,2	28,9	30,5	29,1
真空吸引法を使ったケース		50	357	592	578	472	467	452
早産十万につき母親死亡率%	0	67,5	0	0	0	0	0	0
女性の予防検診	81,7	85,3	86,1	84,2	85	85,3	82,7	82,2
年間の診療所観察下の人々の数	29037	25028	30243	29361	29850	32963	32318	31981
診療所観察下の人々の数－大人	23002	19972	23846	22169	23840	25226	24976	24072
青年						779	812	910
子ども	6035	5056	6758	7192	6370	6967	6530	6998
千人につき予防検診の数（全体）	308,9	272,9	331,9	322,6	327,3	365	361,9	353,8
成人	331,9	296,7	346,2	320,1	338,1	370,8	367,3	367,6
青年						187,9	198	225,8
子ども	241,5	207,3	290,3	326,4	296,6	327,7	309,2	335,1

年	1994	1995	1996	1997	1998	1999	2000	2001
ストリン地区の住民数（小数点以下単位・千）	90,4	92	90,8	90,2	88	89	88,8	88,7
青年	4056	4233	4145	4200	4139	4103	4183	4209
14歳以下の子ども	20825	20510	20441	20212	20291	19871	19502	19039
一歳以下の乳児	1294	1192	1313	1256	1209	1199	1108	1109
出産数（死産、出生後死亡等を含む）	1359	1263	1332	1297	1273	1238	1144	1143
死亡数	1207	1167	1159	1210	1242	1302	1159	1215
子ども千人につき死亡数（全体）	29	16	17	16	13	18	16	9
千人につき出生数（全体）	15	13,7	14,6	14,4	14,5	13,9	12,9	12,9
千人につき死亡数（全体）	13,4	12,7	12,8	13,4	14,1	14,6	13	13,7
千人につき自然増加数	1,6	1	1,8	1	0,4	-0,7	-0,1	-0,8
千人につき新生児死亡数	21,5	12,8	12,8	12,3	10,2	14,5	14	7,9
千人につき２歳児以下の乳児の死亡数	2,3		0,3	0,75	0,78			0,9
子どもの一般的罹患数	20394	23959	21975	23054	24450	25198	24264	23965
子ども千人につき	979,3	1151,9	1077,2	1140,6	1204,9	1268,1	1244,2	1258,7
青年の一般的罹患数	3298	3797	3588	3708	4491	4468	4406	5144
青年千人につき	813,1	896,9	865,6	882,9	1085	1088,9	1053,3	1222,1
成人一般の罹患総数	41697	45332	44417	45530	47811	57312	51300	54512
成人千人につき	636,4	767,9	670,4	692,1	752,1	876,1	786,9	832,9
子どもの初期の疾病数	14656	18165	14403	16489	18092	19392	18983	18704
子ども千人につき	703,8	873,3	706	815,8	891,6	975,9	973,4	982,4
青年の初期の罹患数	1861	2441	1940	2117	2777	2643	2302	3078
青年千人につき	458,8	576,7	468	504	670,9	644,2	550,3	731,3
成人千人につき	306,1	324,1	318,3	452,3	398,8	430	388	428,7
千人につき一般的罹患数（成人，青年，子ども）	723,3	794,4	770,7	801,5	872,2	977,3	899,8	942,9
千人につき初期罹患数（成人，青年，子ども）	404,5	459,9	408,9	458,5	525,2	563,6	547,8	561,9
千人につき腫瘍性罹患数	266,6	222,8	253,3	270,5	261,4	322,5	271,2	276,3
転移段階の腫瘍	22,8	22,9	20,1	21,7	20,9	19,3	17,4	18,8
千人につき腫瘍による死亡数	147,1	134,8	176,2	171,8	170,5	189,9	164	168
千人につき結核による一般的罹患数	121,7	111,9	102,4	130,8	151,1	148,3	151,9	174,8
千人につき結核による一次性罹患数	29,9	29,3	26,4	56,5	52,3	46,1	46,1	62
千人につき結核による死亡数	1,1	3,3	4,4	1,1	4,5	3,4	3,4	3,4
出生数（死産、出生後死亡等を除く）	1289	1163	1260	1211	1140	1151	985	940
千人につき死産	14	14	4	2	3	6	3	4
千人につき出生直前の死亡数	14,65	17,1	7,92	7,4	7	6,9	5,1	6,4
千人につき死産児数	7	5,2	4,8	5,8	4,4	1,7	2	2,1
千人の早産死産児につき死産児数	8,5	12	3,2	1,7	2,6	5,2	3	4,2
出生前検査%	87,2	89,8	88,1	90	88,5	88,5	89	87,7
中絶の数（絶対数）	330	350	327	312	346	350	388	341
熟成年齢の女性千人につき中絶数	25,3	24,3	22,9	22,0	22,5	23	25,1	21
出産適齢期の女性千人につき、中絶数	25,6	30,1	25,9	25,8	30,4	30,4	39,4	36,3
真空吸引法を使ったケース	515	525	517	508	487	361	381	245
早産十万につき母親死亡率%	73,6	0	0	82,6	0	0	0	
女性の予防検診	79,6	82,7	81,1	81,6	81,3	85,8	88,2	90
年間の診療所観察下の人々の数	32279	33202	31927	31331	32062	28312	26743	29063
診療所観察下の人々の数－大人	23678	22619	21295	20913	21687	20829	19969	21206
青年	1194	1771	1514	1176	1434	1393	1639	1749
子ども	7507	9812	9118	9242	8941	6090	6135	6108
千人につき予防検診の数（全体）	357,1	360,9	351,6	347,4	364,3	318,1	300,9	327,7
成人	358,6	321,4	321,4	317,9	341,2	317,5	290,9	324,1
青年	294,4	412,4	365,2	280	346	339,5	396,1	415,5
子ども	364,7	478,4	446,9	457,3	440,6	360,5	314,6	320,8

2002	2003	2004	2005	2006	2007	2008	2009	2010	2011
87,7	87,1	86,3	85,6	85,3	83,9	83,2	82,5	80,7	80,3
4042	3819	3658	3510	3460	3558	3589	3474	3188	3194
18730	18385	18089	17979	17672	17340	17034	16865	16737	16410
1108	1081	1079	1101	1104	1085	1114	1093	1027	1017
1143	1100	1104	1118	1150	1120	1137	1109	1105	1066
1296	1319	1192	1299	1231	1247	1231	1234	1325	1282
12	8	10	11	4	3	13	7	5	4
13	12,6	12,8	13,1	13,5	13,3	13,6	13,4	12,8	13,3
14,8	15,2	13,8	15,2	14,4	14,8	14,8	15,0	16,1	16
-1,8	-2,6	-1	-2,1	-0,9	-1,5	-1,2	-1,6	-3,3	-2,7
10,5	7,3	9,1	9,8	3,5	6,3	11,4	6,3	4,6	3,75
	0	0,9	0,9	1,0	1,8	0,9	0	0	0
22899	22209	21591	25822	24526	24891	23309	25203	17302	23715
1222,6	1208	1193,6	1406,2	1387,8	1435,4	1368,4	1494,4	1033,8	1445,2
5388	5490	5343	5364	4988	5557	5481	6583	5269	5220
1333,0	1437,5	1460,6	1528,2	1441,6	1561,8	1527,2	1894,9	1652,8	1634,3
54818	58551	58696	69735	71441	74150	73060	72072	71806	71147
843,4	902,8	909,3	1086,7	1115,7	1175,2	1166,0	1159,1	1181,6	1172,5
18354	17784	17286	20581	24010	20472	18517	21232	19261	20174
979,9	967,3	955,6	1144,7	1132,3	1180,6	1087,1	1258,9	1150,8	1229,4
3335	3399	3053	3334	2974	3324	3304	4524	3310	3342
825,1	890	834,6	949,9	859,5	934,2	920,6	1302,2	1038,3	1046,3
420,7	454,8	447,4	560,2	551,1	562	508,4	492,7	494,3	481,1
946,9	990,7	992,2	1171,8	1184,0	1245,3	1222,9	1258,6	1226,6	1246,6
548,7	582	570,3	698,8	681,3	705,5	644,5	683,4	656,4	644,1
280,3	249,3	314	283,7	291,1	285,7	326,6	289,6	330,9	306,4
17,1	18,9	21,3	17,9	22,2	20,8	25,5	19,3	14,9	15,4
158,4	171,2	161,1	151,8	147,8	158,3	188,5	143,0	135,1	188,1
158,4	109,1	129,8	116,7	106,7	73,8	72,0	64,2	78,1	69,8
51,3	41,4	49,8	39,7	37,5	28,6	30,5	32,7	34,7	32,4
1,1	5,7	5,8	3,5	4,7	10,7	9,6	12,1	4,9	12,5
833	732	689	675	716	884	983	891	921	848
4	2	0	1	0	2	1	1	1	1
7,9	4,1	1,8	6,3	3,28	6,2	7,0	6,3	3,4	3,5
2,4	1,4	1,8	0	0	0	3,5	0	1,2	1,2
4,8	2,7	0	1,5	0	2,3	1,0	0,9	1,2	1,2
89	89,9	89,8	91,0	91,6	91,6	93,0	93,7	92,7	91,8
218	214	297	316	359	292	243	192	153	127
13,7	21,4	18,2	16,5	19,0	15,7	13,2	10,6	9,1	7,5
26,2	29,2	43,1	46,8	33,0	26,1	24,7	21,6	17,1	15
182	128 0	140	145 0	146	110	98	71	38	70
	0	0	0	0	0	0	0	0	0
95,3	97,6	95,7	95,1	93,2	93,5	97,0	94,8	92,4	95,2
29167	31147	303328	32661	35113	35270	40427	38381	37228	42983
22361	23914	23488	25589	26154	26801	31772	30738	29887	38166
1957	1987	1679	1907	1697	2261	2531	2366	0	0
4849	5246	5171	6061	7262	6208	6124	5277	4854	4817
332,5	357,8	351,5	391,7	411,8	419,9	485,4	465,1	461,3	535,4
344,0	368,7	361,6	398,8	408,4	424,8	507,1	494,4	491,8	629,0
484,2	520,3	486,3	513,4	490,5	635,5	705,2	681,1		
258,9	285,3	285,9	337,1	410,9	358	359,5	312,9	290,0	245,7

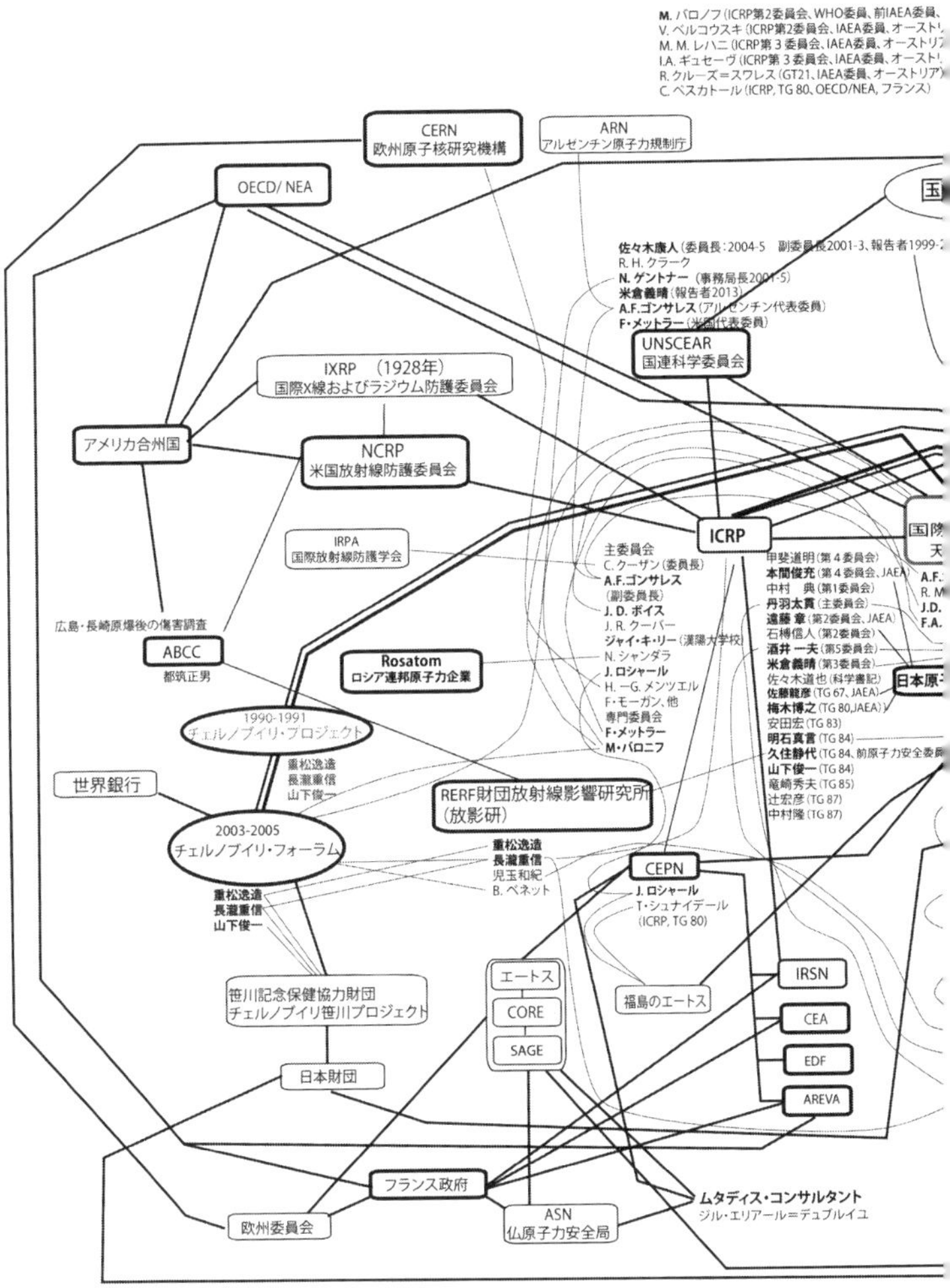

資料6　放射能防護関連を中心とする国際原子力ロビー　人脈と構造図

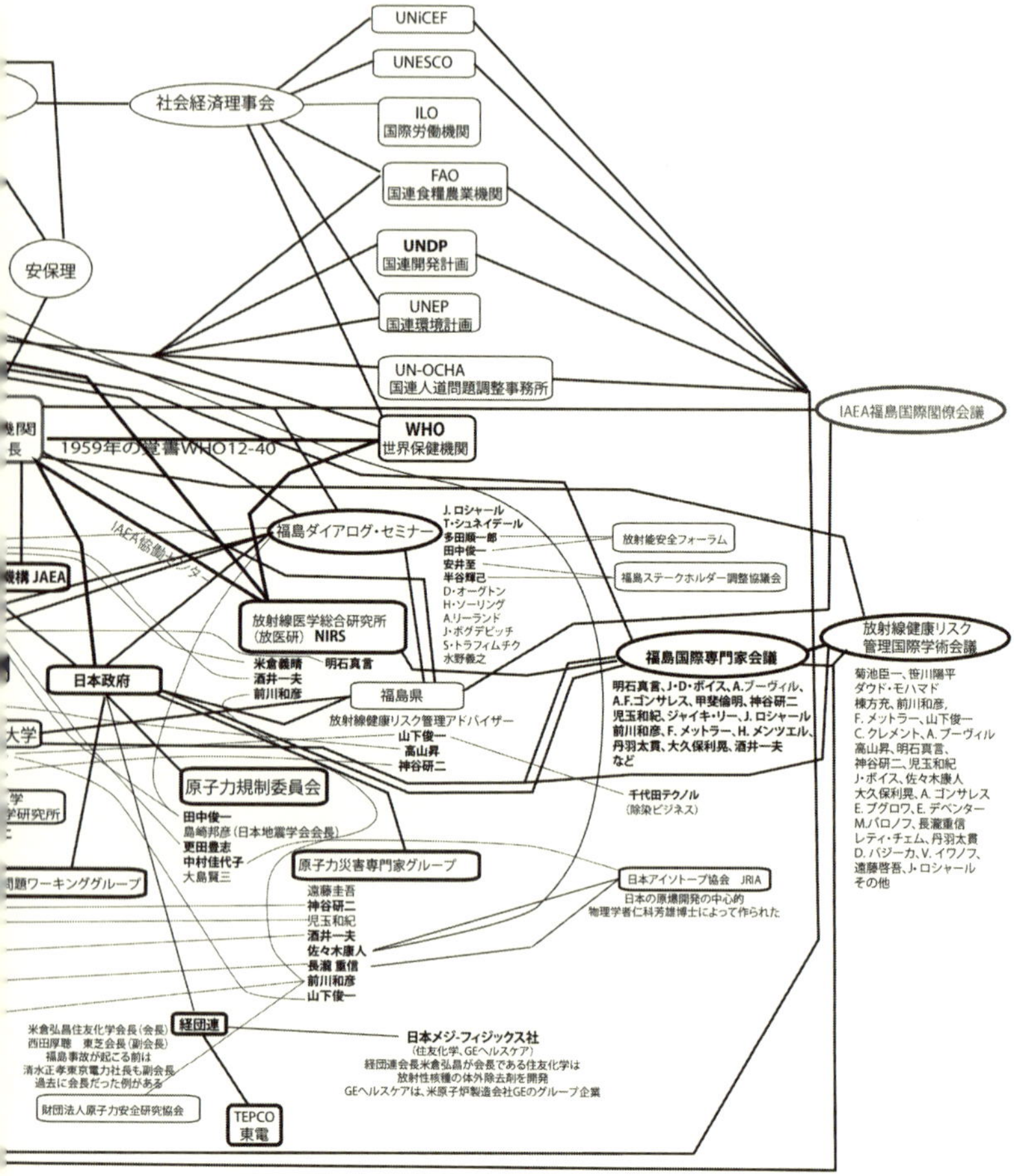

太い枠組みの中の組織は原発推進組織

あとがき

このあとがきをゲランドに向かう列車の車中で急いで書いている。フランスのロワール河流域のたおやかな田園風景を車窓から眺めていると、このような風景は永遠に続くように感じてしまい、福島で起こった惨事がにわかに信じがたくさえ思われる。ゆったりとした起伏を持つ豊かな農耕地帯ですべてが平和にみえる……。だが、このロワール河流域にも、複数の原発があるのだ。ベルヴィル、ダンピエール、サン・ローラン＝デ＝ゾー、シノン。四カ所の原発、合計一二基の原子炉が立っている。炉の数を数えてみただけでも憂鬱になる。なかでもサン・ローラン＝デ＝ゾー原発は、一九六九年と八〇年に燃料棒の一部溶融（フランスで最悪の事故）を起こしたのだ。この美しい風景／舞台の裏に、恐ろしいものが隠されている……そう思わずにいられない。フランスは核兵器保有国だけに、反原発は現実味にとぼしい。植民地主義的夢からまだ覚めきらないフランスは、原子力という科学技術と軍事力が国の誇りになっているからだ。福島があって、一時、フランスでも運動が盛り上がったにしろ、大半のフランス市民は、大丈夫だろうという惰性のなかで暮らしているし、原発がなければ現代生活（実は乱費生活なのだが）が成り立たないという推進側のプロパガンダに騙され続けているのが実情である。ましてや、私が本書で記述したような、原子力が国際的な体制によって支配されているなどとは夢にも思わないのだろう。五四基もの原発を建設した日本の事情も、福島が起こる前まではさほどフランスのそれと大差なかったに違いない。

行く途中のボースの大平野では、あたかもエコロジーに寄与しているかのように、菜の花が見事な一面黄色の畑と、青い穂の麦畑の間で、風力発電のプロペラが何基もゆっくりと回っている。これはまさに舞台装置である。大事故になって初めてコトの重大さに気がつく、という歴史上いやというほど繰り返されてきた現実を前に、悲観的感情に襲われるのはこうした時だ。しかし、今日のこの惑星上の人類の現存そのものが絶望的であるとしか言いようがないのだから、それを前提に、できることをやっていくしかない、と車中で独りごちる。

今日、届いた知人のメールに、マルクスの著作に出てくる「ヘーゲルはどこかで、すべて世界史上の大事件と大人物はいわば二度現われる、と言っている。ただ彼は、一度目は悲劇として、二度目は茶番として、とつけ加えるのを忘れた」という昔に読んだ覚えのある一節が引用されてあった。それにしても、原発苛酷事故だけでも福島で三度目である。そしてこれらは人類史の中でも起こしてはならない事故である。もう悲劇も茶番もおしまいにしなければならない。

本書が日の目を見ることができたのは、昨年二〇一二年秋にパリを訪れた年長の畏友・杉村昌昭氏が、私に福島原発関連で何か書かないかと、持ちかけてくれたからである。丁度、私は、この国際原子力ロビーについて、ここ二年間動いてきたことをもとに、何かまとめて日本の人たちに情報を提供すべき時だと思っていたので、すぐ了解し、以文社の編集者・前瀬宗祐氏に話をつけてくれ、彼を通じて、トントン拍子で実現の方向に向かった。実際には、出版までに時間がかかってしまったが、メールを介してしかお会いしたことのないこの優れた編集者は、すこぶる勘がよく、筆の達者なひとで、私が短期間であわてて書きあげた原稿を、整然とした流れの良い文章に編集しなおして下さった。また氏は原子力問題を自分のこととして強く実感されており（ご出身が広島だからなのだろう）、安心して拙稿を託することのできる編集者だった。この場を借りて、お二人に感謝の意を表したい。

もし、拙著が今日の事態把握と打開のために少しでも役立つなら、このお二人のおかげでもある。また本書を書き上げる素材を提供してくれた三人、とりわけ様々な次元で私に多くの示唆を与えてくれたミッシェル・フェルネックス、ウラディミール・チェルトコフ、また不可欠な情報を絶えず提供してくれたイヴ・ルノワールに感謝しなければならない。本書を、多くの運動仲間のみならず、原発を即時停止にするために闘っている、福島、日本のあらゆる市民に捧げたい。

二〇一三年五月二五日、ゲランドへ向かう車中で

コリン・コバヤシ

追記：二〇一三年六月六日、なだいなだ氏が逝去された。私の著述活動について、昔から陰に日向に私を激励して下さったのも同氏である。生前の氏のご厚情に深く感謝し、本書を捧げる。

コリン・コバヤシ（本名：小林 實）

1949年東京生．1970年渡仏，以来パリ首都圏に定住．

美術家，ビデオ作家，フリージャーナリスト，著述家．

『Days Japan』パリ駐在協力者．

1970年代から核／原子力問題に関心を持ち，日仏の様々な軍事・民事の反核運動に関わってきた．1990年代以降，『はんげんぱつ新聞』『原子力資料情報室通信』『世界』『沖縄タイムス』『インパクション』『前夜』などに寄稿．

個展に，1989年パリ・ポンピドゥー・芸術文化センター〈Revue parlée〉，1992年上田画廊，1995年ギャラリー αM．2007年コロック〈XXI世紀の知識人〉（日仏会館）で短編ビデオ上映．2010年アルル環境映像フェスティバルに参加．

著書に『ゲランドの塩物語』（2001年，岩波新書，2002年渋沢クローデル賞現代エッセイ賞）．編共著に『市民のアソシエーション』（2003年，太田出版）．共著に『心の危機と臨床の知 7――心と身体の世界化』（2006年，人文書院），『日本政府よ！嘘をつくな！――自衛隊派兵，イラク日本人拉致事件の情報操作を暴く』（2004年，作品社）．訳書にP・ブルデュー＋H．ハーケ『自由–交換』（1996年，藤原書店），ジョゼ・ボヴェ他『パレスチナ国際市民派遣団――議長府防衛戦日記』（2002年，太田出版），ローラン・ジョフラン『68年5月』（インスクリプト，2013年秋刊行予定）．共訳書にATTAC France『アメリカ帝国の基礎知識』（2004年，作品社），ATTAC France『徹底批判　G８サミット』（2006年，作品社）など．

国際原子力ロビーの犯罪　チェルノブイリから福島へ

2013年7月1日　初版第1刷発行

著　者　コリン・コバヤシ
装　幀　川邉雄（RLL）
発行者　勝股光政
発行所　以　文　社
〒101-0051　東京都千代田区神田神保町2-7
TEL 03-6272-6537　FAX 03-6272-6538
http://www.ibunsha.co.jp
印刷・製本：シナノ書籍印刷

ISBN978-4-7531-0314-0